인생을 배우는
차문화 명언집

인생을 배우는
차문화 명언집

정병만 · 장문자

학연문화사

　차문화를 보다 깊이 있게 성찰하고, 지혜로운 생활의 지표가 되었으면 하는 마음에서 차에 관한 명언을 모아 보았습니다. 명언에는 차의 아름답고 고귀한 덕성과 신선한 가르침이 오롯이 응집되어 있기 때문입니다.

　이 책은 기왕에 알려진 명언보다는 여태껏 많이 알려지지 않았던 차에 관한 여러 언명, 묘사, 감상, 설명 등을 찾아 모은 것입니다.

　명언은 4장으로 분류하고 제1장은 차의 탄생을, 제2장은 차의 변신, 제3장은 차의 미덕을, 제4장은 일상의 차로 분류 편성하였으며 부록으로 "세계 유명 차 제조사의 슬로건"과 "인스타그램에 표현된 차"를 수록하였습니다. 특히 부록은 처음 시도된 장르로, 호고성好古性이 농후한 차문화가 보다 넓고 진취적이고 개방적인 시야에서 조명되기를 바라면서 엮은 것입니다.

　원문과 생몰년도 등 세부적인 자료 수집의 어려움으로 다소 미치지 못한 문항도 있으나 제외하기에는 너무 아쉬워서 수록하였으며 명언 해설은 중요한 부문만을 선별적으로 처리하였으니 양해해 주시기 바랍니다.

차는 지혜의 액체라고 하였습니다. 차 한 잔 하시면서 마음의 여유를 찾고 자신을 되돌아보는 지혜로움을 만끽하시기 바랍니다.

책이 만들어지기까지 격려해 준 서울시립대학교 남기범 교수와 정은희 박사 그리고 출판하시느라 애쓰신 권혁재 학연문화사 대표님에게 감사드립니다.

2024년 2월
화정 서실에서
정병만 · 장문자

회진 정병만(會津 丁炳萬)

부산수산대학교(수산경제학과) 졸업.
공직 정년퇴임후 ㈜금광기업 부회장과 광매지역발전연구소장 역임.
한국차학회 상임이사와 월간『차의 세계』편집위원으로 있으면서
차문화 단체와 여러 대학에 출강, 후진 양성과 차문화 창달에 노력했다.
2014년 동서비교차문화연구회를 창설하여 배움과 나눔을 실천하고 있다.
중요 저서로는『다시 보는 차문화』,『차 인문학 이야기』가 있다.

혜명 장문자(慧茗 張文子)

원광대학교(차문화경영학과) 졸업 후 동 대학원 전문과정 이수.
1999년 혜명전통다례교육원 개설 후진 양성과 차문화 보급에 기여하고 있다.
한국차문화학회 상임이사등 학술 연구 단체와
광주서석제차예절 심사위원장을 비롯한 여러 심사위원으로 참여.
매년 서울과 광주에서 개최되는 국제차문화대전에 특별 초청되어 출연하고 있다.
개봉차와 오방다법(五方茶法)을 창안하였다.

제1부

차의 탄생

: 끝없는 시련

그들은 히틀러의 비밀병기에 대해 말하지만, 영국의 비밀병기는 차다. 차야말로 우리를 버티게 하고 어려움을 이겨내게 했다.

They talk about Hitler's secret weapon, but what about England's secret weapon - tea. That's what keeps us going and that's what's going to carry us through.

— A. A. 톰슨A. A. Tompson(1894~1968) 영국, 작가 겸 역사학자

나는 중국에 대한 국가적 죄악으로 인하여 영국에게 내려질 신의 징벌이 두렵습니다.

I am in dread of the judgment of God upon England for our national iniquity toward China.

— 윌리엄 이워트 글래드스턴William Ewart Gladstone(1809~1898)
제47대 영국 총리

유럽에 상용으로 차가 처음 전해지기는 1610년 네덜란드 상선에 실어 온 아주 적은 양의 차가 처음이었다. 그로부터 약 40년 후인 1650년대에 영국으로 전해졌다. 네덜란드에 상륙한 차는 이웃 나라인 독일과 프랑스에 알려지기 시작하였으나 인체 해악론과 영국에 대한 반영 정서에 휘말려 보급이 지지부진한 데 반해서 영국에서는 사회 모든 계층에 고루 보급되기에 이르렀다. 특히 18세기에 새로 등장한 공장 노동자들은 차에 열광하였다.

공장마다 틈틈이 tea break(차 휴게시간)이 도입되면서 노

동자의 피로감을 감소시키고 집중력을 높여 줌으로써 경제적 효율성도 제고되었다. 이런 분위기는 계층을 가리지 않고 스며들어 차 생활이 보편화되고 일상화됨에 따라 소비량이 기하급수적으로 팽창하기에 이름에 따라 청나라로부터의 차 수입량이 대폭 증가하게 되고 그로 인해서 무역 불균형이 심화하자 타개책으로 1792년에 조지 3세는 매카트니경Lord Macartney을 영국 최초의 중국 대사로 임명 파견하여 무역 제한 완화를 시도하였으나 실패하자 대안으로 제시된 것이 단기적으로는 식민지 인도에서 아편을 대량으로 재배 수출하여 거기서 얻은 은화로 차를 되사오고, 점차적으로는 아편 수출을 대폭 늘려 그간 차 수입으로 지출된 은화를 환수하는 방법과 장기적으로는 중국에서 차나무와 씨앗을 밀반입하여 인도에서 직접 재배plantation하여 자급자족한다는 것이다.

"악의 꽃"으로 유명한 염세 시인 보들레르Charles Baudelaire가 아편은 "몽환적인 천국과 어두운 나락의 지옥이 공존"하는 "인공 낙원"이라고 노래했듯이 한 번 맛보면 상습성이 생겨 단절하지 못하고 사회생활이 불가능하게 되고 행동 장애가 폐인이 되어 끝내 죽게 되는 무서운 극약이다. 영국 정부가 직접 나서서 이러한 악랄하고 가증스럽고 더러운 비인도적인 마약을 퍼뜨리는 판매상이 되겠다고 나선 것이다. 자국민에게는 마약을 흡입하지 못하도록 엄중히 다스리면서 하는 일이다 보니 더욱 가증스럽다. 결과, 청나라는 만병의 특효약으로 인식되었던 차를 영국에 건넨 데 반하여 영국은 아편이라고 하는 무서운 악마의 약으로 보답한 것이다.

끝내 신성한 차는 인류 역사상 가장 추악한 아편전쟁Opium

중국의 아편 중독자들(1880년대, Lai Afong 사진)

영국 동인도회사의 증기선 네메시스가 청나라 정크선을 파괴하는 모습

War(1차 1840~1842, 2차 1856~1860)이 일어나게 한 불명예를 안게 되었다. 이러한 무서운 비인륜적 계획이 국가 차원에서 행해지는 데 대하여 글래드스턴이 영국 하원에서 외쳤던 말이다. 오죽하면 신이 내릴 징벌이 두렵다고 하였겠는가!

녹차 "눈물의 중국 요정"

Green tea "the Chinese nymph of tears."

— 조지 고든 바이런George Gordon Byron(1788~1824) 영국, 작가

내가 세상에 태어나서 풍파가 모질구나, 양생에 뜻을 둠에 너를 버리고 무엇을 하리. 나는 너를 지니고 다니며 마시고 너는 나를 따라 노니니, 꽃피는 아침 달뜨는 저녁에 즐기며 싫어함이 없도다.

我生世兮 風波惡 如志乎養生 拾汝而何求 我携爾飮 爾從我遊 花朝月暮 樂且無斁

— 이목李穆(1471~1498) 조선, 문신

달마達磨 전설에 의하면, 그가 명상 중에 잠이 들었다. 눈을 깨고 나서 그는 후회한 나머지 자신의 눈꺼풀을 잘라 버렸다. 다시는 같은 잘못을 되풀이하지 않도록 하기 위해서였다. 잘라낸 눈꺼풀이 땅에 떨어진 곳에서는 기묘한 식물이 나타났다. 그 잎으로 잠을 방해하는 음료를 만들 수 있다는 것을 알았다. 이와 같이하여 신성한 약초가 태어나고 차가 탄생했다고 한다.

The Daruma legend runs that during one of his meditations the saint fell asleep. Upon awakening, he was so chagrined tha the cut off his eyelids to assure himself of no reccurrence of the sin. Where the served eyelids dropped to earth a strange plant came up.

— 윌리엄 H. 우커스William H. Ukers(1873~1945)
미국, 작가 겸 저널리스트

『동다송東茶頌』은 우리나라 차의 전래와 제다법, 다풍에 대하여 전반적인 고찰과 초의스님의 경험을 토대로 기술한 것으로 오늘날 우리나라 차의 모습을 재조명할 수 있는 유일본으로 그 가치는 지대하다 하겠다.

— 박영희朴暎熙(1893~1990) 한국, 승려 겸 독립운동가

『동다송』 (출처: 한국민족문화대백과사전)

모든 것은 미국인에게 달려 있다. 그들이 20년 동안 전쟁을 하고 싶다면 우리는 20년 동안 전쟁을 할 것이다. 그들이 화해를 원하면 우리는 화해하고 나중에 찻자리에 초대할 것이다.

Everything depends on the Americans. If they want to make war for 20 years then we shall make war for 20 years. If they want to make peace, we shall make peace and invite them to tea afterwards.

— 호치민胡志明(1890~1969) 베트남, 전 주석

미국인이 코카콜라로 제2차 세계대전을 싸웠다고 한다면 영국인의 영웅적 투쟁심을 자극해 독일 제3제국을 타도한 것은 차다.

If the Americans fought World War Ⅱ on Coca-Cola, it was tea that fueled the heroic struggle of Britain to defeat the Third Reich.

— 빅터 H. 메이어Victor H. Mair(1943~) 미국, 교수
— 얼링 호Erling Hoh, 스웨덴, 저널리스트

배가 보스턴 항구에 정박했을 때 붉은 인디언 복장을 한 식민지 개척자들이 배에 올라 거칠게 차를 모두 바다에 던졌다. 이 차는 마시기에 부적합하다. 심지어 미국인들에게도!

As the ship lay in Boston harbour, a party of colonists, dressed as Red Indians, boarded the vessel, behaved rudely and threw all the tea overboard. This made the tea unsuitable for drinking - even for Americans!

— 영화 「메리 포핀스(Mary Poppins)」(1964) 중
조지 뱅크스(George W. Banks)의 대사에서

사람이 차를 마시게 된 것을 적은, 확실하고도 가장 오래된 문헌을 든다면 아마도 왕포王褒의 「동약僮約」인듯하다.

人間が茶を飲んだという, はっきりした最古の文獻といえば, どうやらこの王褒の「僮約」であるようだ

— 진순신陳舜臣(1924~2015) 일본, 작가

서양의 무역 상인이 동양의 해안에 도착하고 나서부터 차의 위상은 완전히 바뀌었다. 성스러운 마실거리, 불로불사의 영약은 한낱 상품으로 전락한다.

After the western traders arrived on the eastern shores, tea underwent a profound transformation. the sacred beverage, the elixir of immortality, was reduced to a commdity.

— 비트리스 호헤네거Beastrice Hohenegger, 이탈리아, 작가

육우陸羽와 관련된 매력적인 신화는 수없이 많다. 심지어 중국의 학자 중에는 그러한 사람이 있었는가에 대해서조차 의문을 던지는 사람도 있다. 그들의 지론에 의하면 육우가 저술한 『다경茶經』은 8세기에 한 사람이나 복수의 차 상인이 썼을 법도 하고 아니면 차 상인이 학자를 고용하여 쓴 것을 후일 육우가 쓴 것으로 함으로서 그를 중국차의 성인으로 추앙하게 되었다는 말도 있다.

There are so many charming myths attaching to Lu Yu that some Chinese scholars question whether such a person over really existed. they say that one or more of the tea merchants of the eighth century may have written the book attributed to him., or have hired some scholar to write it, and then credited it to Lu Yu. who has come to be known in China as the patron saint of tea.

— 윌리엄 H. 우커스William H. Ukers(1873~1945)
미국, 작가 겸 저널리스트

어디서 어떤 방법으로 마셨든 간에 차는 행복과 조화와 예절을 갖추고 손님의 마음을 들뜨게 하며 환대해 왔다. 중국의 전설적인 기원으로부터 오늘과 같은 인기를 얻기까지 차에는 기나긴 파란에 찬 역사가 있다. 그 역사 이야기에는 의식과 종교, 모험과 무역, 밀수와 혁명, 문학과 사회변동에 따라서 선명하게 채색되어있다.

Wherever and however it is taken, tea brings well-being, harmony, politeness, conviviality and hospitality. From its legendary beginnings in China to it present-day popularity, tea has had a long and vivid history. Its story is steeped in ritual and religion, adventure and enterprise, smuggling and revolution, literature and social change.

— 헬렌 사베리Helen Saberi, 영국, 음식 역사학자 겸 작가

여자들의 앙갚음

The revenge of the fair sex.

— 비트리스 호헤네거Beastrice Hohenegger, 이탈리아, 작가

영국은 1630년대에 들어 차가 약용음료로 소개되었으나 이때는 청교도에 의해서 금욕주의가 팽배했던 시기로 일상의 마실 거리로는 보급되지 않았다. 1657년에 와서야 런던의 가웨이 커피하우스Garway's Coffee House에서 커피와 더불어 차를 판매하게 되었으나 일부 상류층이나 남성에 한해서 이용되었다. 이무렵

1660년의 왕정복고王政復古로 찰스 2세가 국왕으로 등극하면서 금욕주의가 풀리고 1662년 차를 몹시 즐기던 포르투갈 브라간자의 캐서린Catherine of Braganza를 왕비로 맞게 되면서 그가 평소 마실거리로 애용하던 다량의 차를 가져와 궁중에서 상류층의 부녀자와 자주 차를 마시게 된 것이 계기가 되었다. 이후 상류사회와 남성 중심의 마실거리에서 남녀 성별과 사회적 신분의 제약 없는 마실거리로 점차 확산되어 갔다.

그러던 1717년 토마스 트와이닝Thomas Twining이 경영하는 "골든 라이온Golden Lion"과 같은 여성이 출입할 수 있는 찻집이 영국 최초로 런던에 등장하였다.

일부 상류계층에만 한정되고 가사에만 매몰하던 주부들이 이제는 남성 전용이던 찻집을 자유롭게 드나들게 되고 심지어 정원pleasure garden이나 실내 다회가 성행하고 이를 주관하게 됨으로써 명실공히 차생활의 헤게모니는 여성으로 옮겨갔다. 귀한 차 상자의 열쇠는 주부 손으로 넘어간 것이다. "여자들의 앙갚음"이라는 말은 남성 중심의 우월적 차 문화에서 성적 차별이 없는 마실거리가 된 변화를 아이러니하게 표현한 말이다.

즐거움과 건강을 담보하는 차는 양성평등과 사교의 상징이 되고 차의 상업적 성공을 촉진하는 계기가 되었을 뿐만이 아니라 영국 산업화의 동력원이 되었다.

영국은 차로 인하여 미국을 잃었고 중국은 차로 인하여 홍콩을 잃었다.

英國人因爲茶去了美國 中國人因爲茶去了香港

— 정문丁文(1940~) 중국, 차 연구가

영국의 차 무역은 미국 독립의 도화선에 불을 붙였고 중국에 파괴적인 사회적, 경제적 영향을 미쳤으며 인도의 폭력적인 식민지화를 주도했습니다.

England's subsequent commerce in tea lit the fuse of American independence, caused devastating social and economic effects in China, and drove the violent colonization of India.

— https://artuk.org

오늘날 차는 일상의 마실거리가 되어버려 약이라고는 생각되지 않는다. 오늘의 우리에게 있어서 약이란 병을 낫게 하는 것이기 때문이다. 그러나 고대 중국에서는 병에 걸리지 않도록 평소에 건강을 유지하게 하는 식품이야말로 좋은 약上藥이었다. 그러한 의미에서 약으로서의 차가 시작된 것이다.

　　今日, 茶は日常の飮料となり, 藥とは思えない. 今の私たちとって, 藥は病氣を 治すものだからである. しかし古代中國では, 病氣にならないよう日頃から健康を保つ食品こそ良い藥(上藥)であった. そうした藥としての茶から始め---

— 이와마 마치코岩間眞知子, 일본, 차 학자

　　이토록 불가사의한 향기를 품은 잎은, 어떤 마법에 걸려 에덴에서 오게 되었을까? 아담 이전의 인간이 최초로 이 꽃을 볼 수 있었을까, 비탄에 젖은 영혼의 근심을 걷어주는 감미로운 약을.

　　From what enchanted Eden came thy leaves, That hide such subtle spirits of perfume? Did eyes preadamite first see the bloom, Luscious Nepenthe of the soul that grieves?

— 프랜시스 살터스 살터스Francis Saltus Saltus(1849~1889) 미국, 시인

전쟁이 아닌 차를 만들자.

Make tea, not war.

— 영국 몬티 파이선Monty Python 코미디 그룹

    영국 광고 대행사인 카르마라마Karmarama에 의해 디자인되어 2003년 이라크 전쟁반대 시위 구호로 사용되었었다. 우애와 평화 그리고 지혜와 행복의 심볼인 차를 전쟁 반대의 심볼로 묘사한 것이다.

전쟁을 반대하는 심볼이 된 차

중국의 전설적인 기원으로부터 오늘의 인기를 얻기까지 차에는 길고도 파란만장한 역사가 있다. 그 역사는 의식과 종교, 모험과 무역, 밀수와 혁명, 문학과 사회 변동으로 선명하게 채색되어있다.

From its legendary beginnings in China to its present-day popularity, tea has had a long and vivid history. Its story is steeped in ritual and religion, adventure and enterprise, smuggling and revolution, literature and social change.

— 헬렌 사베리Helen Saberi, 영국, 음식 역사학자 겸 작가

차가 걸어 온 길은 흡사 서사시처럼 장대해서 차의 역사를 쓰기에는 예로부터 몹시 어려운 일이었다. 식물학, 의학, 종교, 문화, 경제, 인류학, 사회, 정치 등의 여러 가지 측면이 있기 때문이다.

It is precisely the epic nature of tea's odyssey that has always made its history so difficult to write. with it's botanical, medical, religious, cultural, economic, anthropological, social, and political dimensions.

— 빅터 H. 메이어Victor H. Mair(1943~) 미국, 교수
— 얼링 호Erling Hoh, 스웨덴, 저널리스트

차가 없었다면 영국은 싸워 이길 수 없었을 것이다.

Without tea, England would not have been able to fight and win.

— 앤서니 버지스Anthony Burgess(1917~1993) 영국, 작가 겸 작곡가

　　제2차 세계대전이 발발하자 영국은 공습으로 인한 차의 손실을 피하려고 차 회사들이 보관하고 있던 차를 모두 매수하여 전국 요소요소에 분산 소개하고 배급제를 시행하였을 뿐 아니라 인도 산지에서는 산차散茶, leaf tea 생산을 최소화하고 파쇄차破碎茶, brocken tea를 제조하도록 하는 등 치밀한 정책을 강행하였다. 파쇄차의 용량이 더 크기 때문이다. 제2차 세계대전 초기 프랑스

딩케르크에서 퇴각하던 연합군에게 차를 나눠주는 영국 시민

의 덩케르크Dunkirk 항에서 영국으로 퇴각하던 초췌한 영국과 프랑스 연합군에게 따뜻한 차를 나누어 마시게 한 런던 부녀회원들의 희생적 봉사나 1940~1941년에 걸친 런던대공습에도 런던 시민들이 방공호에서도 일상의 차를 마시면서 공포심을 덜고 서로 격려하며 전의를 잃지 않고 인내할 수 있게 한 것도 이와 같은 정부 차원의 치밀한 정책과 A cup of tea의 따뜻함 때문일 것이다.

차는 구원을 요구하는 나라에 구원자로 왔습니다. 회색 하늘과 거친 바람의 나라… 신경이 곤두서고, 고집이 세고, 생각이 느린 남녀의… 아늑한 집과 따뜻한 벽난로, 보글보글 끓는 주전자와 차의 향기로운 숨결을 기다리고 있는 벽난로가 있는 나라.

Tea had come as a deliverer to a land that called for deliverance; a land… of grey skies and harsh winds; of strong-nerved, stout-purposed, slow-thinking men and women… a land of firesides that were waiting, waiting for the bubbling kettle and the fragrant breath of tea.

— 아그네스 리플라이어Agnes Repplier(1855~1950) 미국, 작가

차는 『다경茶經』의 덕택으로 신선 도교사상을 만나게 되고 이와 같은 만남으로 약이나 음료와 같은 즉물적卽物的인 세계를 떠나 정신문화를 향하여 첫걸음을 내딛게 된 것이다. 혹시라도 이와 같은 만남이 없었다면 차는 커피처럼 어디까지나 마실거리의 한 종류로 남게 되어 「다도」처럼 철학, 종교, 예술 등을 모두 아우르는 고도의 정신문화로 성장하지 못했을는지도 모른다.

茶は『茶經』のおかげで神仙道敎思想に出會い,この出會によって藥,飮料という卽物的な世界を超越して,精神文化に向かって第一步を踏み出したのである. もし,この出會がなかったならば,茶はコーヒーなどと同樣に, あくまでも飮料の一種に留まり「茶道」というような 哲學,宗敎, 藝術などを一堂に融合させた高度な精神文化に成長できなかったかもしれない.

— 동군東君(1955~) 중국, 차문화 연구가

차는 대영제국 문명의 중심축 중 하나이다.

Tea is one of the mainstays of civilization in this country.

— 새뮤얼 피프스Samuel Pepys(1633~1703) 영국, 정치인

차는 동틀 때 따고 해가 보이면 그친다. 손톱을 써서 움을 끊고 손가락으로 휘어 따지 않음은 더러운 냄새가 스며들어 신선하고 결백하지 못할까 하는 염려 때문이다.

撷茶以黎明 見日則止 用爪斷芽 不以指揉 慮氣汚熏漬 茶不鮮潔

— 조길趙佶(1082~1135) 송나라 휘종

차는 문명의 품위와 사치가 샘솟는 천 가지 욕구를 암시한다고 잘 알려져 있다.

It has been well said that tea is suggestive of a thousand wants, from which spring the decencies and luxuries of civilization.

— 아그네스 리플라이어Agnes Repplier(1855~1950) 미국, 작가

차 따기는 아침 일찍 해 뜨기 전에 하여야 한다. 이른 아침에는 이슬이 아직 마르지 않고 있어서 차 싹이 통통하고 윤기가 있다. 해가 뜨면 햇빛에 노출되어 싹의 기름기가 내부에서 소모되기 때문에 물을 받아도(차를 안칠 때) 선명하지 못하다. 그 때문에 매일 오경(오전, 네 시경)이 되면 북을 쳐 일꾼들을 봉황산에 모이게 하여 (산에 타고정이 있다) 감채관이 한 사람에 한 장의 감찰패를 지급하고 산으로 들여보낸 뒤 진시(오전 여덟 시)가 되면 징을 쳐서 모이게 한다.---

採茶之法, 須是侵晨, 不可見日. 侵晨則夜露未晞. 茶芽肥潤, 見日則爲陽氣所薄, 使芽之膏腴內耗, 至受水而不鮮明. 故每日常以五更撾鼓, 集群夫于鳳皇山(山有打鼓亭) 監采官人給一牌入山, 至辰刻則鳴鑼以聚之, ---

— 조여려趙汝礪, 중국, 송대, 사학자

차는 세계의 보물이다.

Tea is treasure of the world.

— 윌리엄 H. 우커스William H. Ukers(1873~1945)
미국, 작가 겸 저널리스트

육우의 『다경茶經』과 함께 세계적인 명저 『차의 모든 것All About Tea』을 저술한 우커스William Harrison Ukers는 미국 필라델피아 출신으로 「뉴욕 타임스New York Times」 기자를 거쳐 「티 앤 커피 트레이드 저널Tea & Coffee Trade Journal」 주필로 있던 17년간 860페이지에 달하는 『커피의 모든 것All About Coffee』을 집필하였다. 그는 동시에 세계 중요 차 산지와 도서관, 박물관, 저명인사를 찾는 등, 답사와 교우를 거듭하면서 얻은 방대한 자료와 지식을 12년에 걸쳐 정리하여 『차의 모든 것All About Tea』이라는 명작 또한 탄생시킨 사람이다. 1935년에 발간된 이 책은 1, 2권으로 나누어

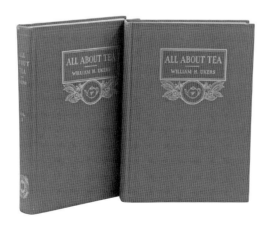

윌리엄 H. 우커스의 명작 『차의 모든 것(All about Tea)』

져 있는데 1권은 역사, 기술, 과학을 27장, 2권은 상업, 사회, 예술로 27장으로 구성, 총 54장으로 꾸며져 있다. 그 분량은 총 1,152페이지, 60만 단어에 달한다. 부록으로 세계 중요 차류 일람표, 차와 관련된 사건 500건을 기술한 역사 연표, 차 사전, 2,000권에 이르는 차 서적 목록, 1만 항목의 색인 등을 함께 실었다. 이 책은 유래를 찾아볼 수 없는 전서적全書的인 연구서로 참으로 경이로운 문화적 업적이다. 이밖에도 1936년에는 차의 대중화를 위해서 저술한『차 이야기The Romance of Tea』가 있다.

"차는 세계의 보물이다."라는 말은『차 이야기』의 서문 가장 첫머리에 나오는 말이다. 언제나 누구에게나 즐거움과 건강을 주는 보물, 차에게 바치는 최상의 찬사이다.

차는 서양이 동양으로부터 받은 은혜의, 가장 오래된, 그러나 틀림없이 언제나 환영받는 기념품이었는지도 모르겠다.

Tea may be the oldest, as it is surely the most constantly congenial, reminder of the West's debt to the East.

— 프랜시스 로스 카펜터Francis Ross Carpenter(1879~1953) 미국, 작가

차는 17세기 커피 보다 몇 년 앞서서 유럽에 전해졌으나 그 영향력은 커피보다 훨씬 못하였다. 이유인즉 차가 대단히 비쌌기 때문이다. 차는 애초 네덜란드에서 값비싼 의료용 음료로 마셨었는데 그 건강상의 효능에 대해서는 1630년대 이후 여러 의론이 있었다. 초기 반대파(그들은 커피, 코코아 즉 신종의 따뜻한 마실거리에도 반대했다)의 한 사람으로 시몬 파울리Simon Pauli라는 덴마크 왕실에서 일하는 독일인 의사가 있었다. 파울리는 1635년 발표한 논문에서 차에는 다소간의 의학적 효능이 인정되기는 하나 해로움이 훨씬 많다고 주장하였다. 그 설에 의하면 중국에서 수송하게 됨으로써 차에 독성이 일어 "그중에서도 40세 이상의 사람이 차를 마시면 죽음을 앞당긴다고 하였다. 사람들 사이에서 전염병처럼 만연하고 있는 중국에서 유럽으로 수입되고 있는 차의 광기를 근절하기 위하여 나는 최대한 노력하였다."라고 하였는데 이에 반대한 자세를 취한 사람이 네덜란드인 의사 니콜라스 덕스Nicholas Dirx이다. 덕스는 차를 만능약이라고 주장하고 1641년 "이 식물에 비견할 식물은 없다. 따라서 이를 사용하는 사람은 여러 가지 병을 피할 수 있고 상당히 고령에 이르기까지 살 수 있다"라고 단언하였다.

한층 더 강력하게 차를 옹호한 같은 네덜란드인 의사 코넬리우스 본테코Cornelius Bontekoe가 있었는데 그는 저서에서 매일 차를 여러 잔을 마실 것을 권하고 있다. "온

국민 아니 전 세계인에게 차를 마실 것을 권장한다. 남
성도 여성도 이것을 매일 되도록 시간마다 마실 것을 권
한다. 하루 열 잔으로부터 시작하여 그 후 마시는 양은
위가 허락하는 한 늘려나가는 것이 좋을 것이다." 그에
의하면 환자인 경우는 하루 50잔을 마시는 것이 좋고 상
한은 200잔이라고 하였다.

Although it was available in Europe a few years earlier than
coffee, tea had far less impact during the seventeenth century.
largely because it was so much more expensive, it began as a
luxury and medicinal drink in the Netherlands, where arguments
raged over its health benefits from the 1630s. an early opponent

네덜란드인 의사 코넬리우스 본테코Cornelius Bontekoe

of tea(and of coffee and chocolate, the other two newfangled hot drinks) was Simon Pauli, a German doctor and physician to the king of Denmark. he published a track in 1635 in which he conceded that tea had some medical benefits. but that they were far outweighed by its drawbacks. transporting the tea from china. he claimed, made it poisonous. so that: it hastens the death of those that drink it. especially if they have passed the age of forty years. "Pauli boasted that he had used" the utmost of my endeavours to destroy the raging epidemical madness of importing tea into Europe from China.

Taking the opposite view was Nikolas Dirx, a Dutch doctor who championed tea and regarded it as a panacea. "Nothing is comparable to this plant." he declared in 1641. "Those that use it are for that reason, alone , exempt from all maladies and reach an extreme old age." an even more enthusiastic advocate of tea was another Dutch doctor, Cornelius Bontekoe, who wrote a book recommending the consumption of several cups of tea each day. "we recommend the to the entire nation, and to all peoples!" he declared. we urge every men, every women, to drink it every day: if possible, every hour: beginning with ten cups a day and subsequently increasing the dosage-as much as the stomach can take." people who were ill, he suggested, should consume as many a fifty cups a day: he proposed two hundred as an upper limit.

— 톰 스탠디지|Tom Standage(1969~) 영국, 작가 겸 저널리스트

[차는] 2,000년 전에는 소수의 종교 공동체에서 마셨다. 1,000년 전에는 수백만 명의 중국인이 마셨다. 500년 전 세계 인구의 절반 이상이 물의 주요 대안으로 차를 마셨다. 이후 500년 동안 차는 세계를 뒤덮을 정도로 확산되었다. 차는 이제 어떤 종류의 음식이나 물을 제외한 어떤 음료보다 보편적이다. 우리는 매일 헤아릴 수 없는 정도의 차를 마신다.

Two thousand years ago it was drunk in a handful of religious communities. By a thousand years ago, it was drunk by millions of Chinese. Five hundred years ago over half the world's population was drinking tea as their main alternative to water. During the next five hundred years, tea drinking spread to cover the world … tea is now more ubiquitous than any type of food or any drink apart from water.

— 앨런 맥팔레인Alan Macfarlane(1941~) 영국 인류학자 겸 작가
— 아이리스 맥팔레인Iris Macfarlane(1922~2007) 앨런의 어머니, 작가

차는 일종의 영혼 각성, 명료함과 깨어있는 고요함의 묘약이다.

Tea is also a sort of spiritual refreshment, an elixir of clarity and wakeful tranquility.

— 제임스 노우드 프랫James Norwood Pratt(1942~)
미국, 작가 겸 교육자

차를 만능약이라고 말한 옛날 많은 성직자의 찬사는 아무 말 수 없이 전해 내려 온 것이 아니다. 독일인 의사였던 시몬 파울리Simon Pauli(1603~1680) 박사가 1636년에 발간한 의학 팸플릿에는 놀라운 경고들이 많이 실려있는데 그는 거기에서 차를 마심으로써 40세 이상의 모든 사람은 죽음을 빠르게 재촉하게 될 것이라고 주장하였다.

During use of period the many early ecclesiastical panegyrics on tea as a wonderful cure-all were not passing unchallenged. the first of the opponents. Dr. Simon Pauli(1603~1680). a German physician. Published in 1636 a medical tract full of terrifying alarms and claiming that the use of tea hastened the death of all past the age of forty.

— 윌리엄 H. 우커스William H. Ukers(1873~1945)
미국, 작가 겸 저널리스트

차의 시작은 의료용이었으나, 고대 중국의 약초연구가나 치료사에 의한 영혼 물질의 탐구에는 도교사상이 자리하고 있어서 그것이 차를 단순한 약에서 바로 성스러운 음료가 되고 불사의 영약으로 올려놓게 되었다.

Though the beginnings of tea were medicinal, in the ancient Chinese herbalist's and healers' search for soul substance lay the seeds of Taoist thought, which elevate tea from simple remedy to nothing less than sacred beverage and elixer of immorality.

— 비트리스 호헤네거Beastrice Hohenegger, 이탈리아, 작가

차의 예법은 선禪 의식에서 발달해 왔다

Tea-ceremony was a development of the Zen ritual.

— 오카쿠라 가쿠조岡倉覺三(1863~1913) 일본, 작가 겸 평론가

차의 발견을 전설적인 황제로 설정한 것은 분명 유학의 영향이다. 그렇게 함으로써 조상의 권위를 살리고 현재와 신화가 넘치는 과거를 연결해 주는 것이다.

— 사라 로즈Sarah Rose(1974~) 영국, 작가 겸 저널리스트

천국의 식물이라 불린 차는 4,000년 동안 의약품과 즐거움을 위한 음료로 귀하게 여겨져 왔다.

It's been called the plant of heaven. for 4,000 year's it's been valued both as a medicine and drink for pleasure.

— 빅토리아 잭Victoria Zak, 미국, 작가

천지간에 모든 것은 인간과 금수와 산천초목으로 되어 있으며 그중에서 제일 귀한 것은 인간이다. '차'자를 보면 풀과 나무 사이에 사람이 있는 것으로 되어 있다.

天地間者 人倫禽獸山川草木也 就中以人倫爲貴 分茶之一字 則人在草木間

— 란슈쿠蘭叔, 일본, 승려

일본 기후시歧阜市에 있는 을진사乙津寺의 란슈쿠 겐슈蘭叔玄秀 주지가 1576년 쓴 2,000자로 된 한문체의『주다론酒茶論』에 나오는 글이다. 술을 마시면 모든 근심을 잊는다고 하여 술 마시는 사람은 망우군忘憂君으로 차를 마시면 괴롭고 답답함을 씻어 낸다고 하여 차 마시는 사람을 척번자滌煩子로 의인화擬人化하여 술과 차의 공덕을 서로 겨루는 논쟁의 글이다. 논쟁 중에 한 사람의 한인閑人이 나타나서 "둘은 천하에 가장 빼어난 우물尤物이라. 술은 술이요 차는 차일세吾言天下兩尤物 酒亦酒哉茶亦茶"라며 화해시키며 패자도 승자도 없는 논쟁으로 마감한다. 당나라 왕부王敷의『다주론茶酒論』과 더불어 차문화 사상 소중한 기서奇書라 할 만도 하다.

커피 재배처럼 차 재배도 호기심을 끄는 일이 많이 있다. 스리랑카에서는 찻잎 따는 일에 종사하는 타밀인이 죽으면 차밭의 이랑 사이에 묻는다. 고대 중국에서 차 따는 일은 14세 미만의 미혼 소녀가 했으며 매일 새 장갑을 끼고 새 옷을 입었다. 호흡으로 인하여 찻잎의 풍미를 해치는 일이 없도록 물고기나 육식 먹기를 삼갔으며 밭으로 나가기 전에 목욕하여야 했다. 번개가 떨어진 곳이나 옛날에 사람이 살았던 자리에는 당분간 차나무를 심지 않았다.

Like the cultivation of coffee, the cultivation of tea is fraught with many curiosities. In Sli Lanka, the Tamil-speaking Hindus who pluck tea leaves bury their dead between the tea rows. it is said that in early China. Tea pluckers were virgin girls under fourteen. who wore new gloves and a new dress daily. They were required to abstain from eating fish and certain meats, so that their breath wouldt taint the flavor of the leaves, and to bathe before going to the fields. For a similar reason, tea will not grow for some time where lighting has struck or on the site of former human habitation.

— 베넷 앨런 와인버그Bennet Alan Weinberg, 미국, 의료분야 전문작가
— 보니 K. 빌러Bonnie K. Bealer, 인류분야 전문작가

찻잎을 따는 중국의 소녀

커피와 차, 콜라의 세 가지는 세계에서 가장 대중적인 음료이다. 맛과 향은 다르지만, 모두 상당한 양의 카페인을 함유하고 있다. 이러한 음료를 압도적으로 즐기는 것으로 보아 공통 성분인 카페인은 보편적인 매력이 있는 물질임이 틀림없고 그것은 몇 천 년에 걸쳐 인간을 자극해 왔다.

Coffee, tea, cola are the three most popular drinks in world. They taste and smell different, but all contain significant amounts of caffeine. From the staggering demand for these drinks, it is easy to see that caffeine, the common denominator among them, must be a substance with almost universal appeal that may have stimulated people for many millennia.

— 베넷 앨런 와인버그Bennet Alan Weinberg, 미국, 의료분야 전문작가
— 보니 K. 빌러Bonnie K. Bealer, 인류분야 전문작가

카페인은 습관성 있는 정신활성물질중에서 단 하나 세계 어디서나 규제받지 않고 자유로이 손에 넣을 수 있으면서도 어떤 면허나 처방전도 인종이나 남녀 구분 없이 매매되고 마실 수도 있는 가장 대중적인 식용물질이다.

저널리스트 톰 스탠디지Tom Standage는 『세계 6가지 마실거리의 역사A History of the world in 6 glasses』에서 "사람의 손에 의해서 만들어진 마실거리 가운데서 가장 즐겨 마시는 것은 맥주, 와인, 증류주, 커피, 차, 콜라의 여섯 가지인데 그중 세 가지는 알코올, 나머지 세 가지는 카페인 음료로 특히 커피와 차는 세계 마실거리 중 가장 많이 애음하고 있다"고 하였다. 그래서 이 둘을 두고 흔히 "세계를 정복한 마실거리" 또는 "생명의 액체"라고도 한다.

크리스트교가 와인이고, 이슬람교가 커피라면, 불교는 의심 없이 차이다.

If Christianity is wine, and Islam coffee, Buddhism is most certainly tea.

— 앨런 와츠Alan watts(1915~1973) 미국, 작가

탄약보다 차가 더 중요하다.

Tea more important than ammunition.

— 윈스턴 처칠Winston Churchill(1874~1965) 영국, 전 수상

영국 수상 윈스턴 처칠이 제2차 세계대전 때 해군함정 수병들에게 제한 없이 차를 보급하도록 명한 이야기는 너무나도 유명하다. 탄약보다 차가 더 중요하였기 때문이다. 차는 처절하고 광기에 찬 전장에서 공포심을 없애고 경각심과 승전 의지를 북돋아 영웅적 투쟁심을 발휘하도록 매개 할 것이기 때문이었다. 영국 사학자이자 저술가인 톰슨A. A Tompson은 1942년에 쓴 글에서 미국인이 코카콜라로 싸웠다면 영국인이 독일 제3제국을 타도한 것은 차였다고 저술하고 있다.

티백은 온 세상, 차가 나아갈 방향을 바꾼 또 하나의 20세기 발명품이자 우리가 곤경에 처했을 때 도와주는 유력한 상징이 되어 왔다.

The tea bag is another 20th-century invention that has changed the way of tea around the world, and has been held up as a potent symbol of our harried times.

— 빅터 H. 메이어Victor H. Mair(1943~) 미국, 교수
— 얼링 호Erling Hoh, 스웨덴, 저널리스트

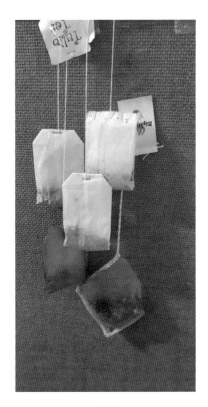

티백

제2부

차의 변신

: 약초에서 음료수로

건강하게 먹는 것만큼이나 건강하게 마시는 것도 중요하다는 것을 기억하라. 차가 바로 힐링 음료이다.

As much as you can eat healthy it's also important to remember to drink healthy too. Tea is very healing.

— 크리스틴 던 체노웨스Kristin Dawn Chenoweth(1968~) 미국, 배우

고고학자가 석기시대, 청동기시대, 철기시대처럼 주된 도구 재질에 따라 역사를 구분하는 것처럼 시대별로 중심적으로 존재했던 마실거리에 따라 세계사를 구분할 수도 있을 것이다.

특히 맥주, 와인, 증류주, 커피, 차, 콜라의 여섯 종류의 마실거리에는 세계사의 흐름이 기록되어있다. 세 가지는 알코올을, 세 가지는 카페인을 함유하고 있어 통일성은 없으나 한 가지 공통점은 있다. 어느 것이나 고대로부터 현대에 이르기까지 역사의 전환점에서 각 시대를 특징 짓는 마실거리인 것이다.

Just as archaeologists divide history into different periods based on the use of different materials-the stone age, the bronze age, the iron age, and so on—it is also possible to divide

world history into periods dominated by different drinks. Six beverages in particular-beer, wine, spirits, coffee, tea, and cola-chart the flow of world history. Three contain alcohol, and three contain caffeine, but what they all have in common is that each one was the defining drink during a pivotal historical period, from antiquity to the present day.

— 톰 스탠디지Tom Standage(1969~) 영국, 작가 겸 저널리스트

구리 주전자에서 삑삑 소리가 나면 차 마실 시간이라는 신호,
멋진 도자기 잔에 뜨거운 차를 가득 채운다.
레몬, 설탕, 달콤한 크림도 있다.
하지만 가장 좋은 것은 당신과 나 사이의 우정,
우리가 사랑스럽게 애프터눈 티를 나눈다.

My copper kettle

whistles merrily

and signals that

it is time for tea.

The fine china cups

are filled with the brew.

There's lemon and sugar

and sweet cream, too.

But, best of all

there's friendship, between you and me.

AS we lovingly share

our afternoon tea.

— 마리안나 아롤린Marianna Jo. Arolin, 미국, 작가

그녀의 엄마에게 차는 만병통치약이었다. 감기에 걸렸니? 차를 마셔. 뼈가 부러졌니? 그걸 낫게 해주는 차도 있다. 로렐은 어머니의 식료품 저장고 어딘가에 '아마겟돈이 벌어지면 3~5분 정도 우리세요'라고 적힌 차 상자가 있었던 것으로 의심했다.

As far as her mom was concerned, tea fixed everything. Have a cold? Have some tea. Broken bones? There's a tea for that too. Somewhere in her mother's pantry, Laurel suspected, was a box of tea that said, 'In case of Armageddon, steep three to five minutes.'

— 아프릴린 파이크Aprilynne Pike(1980~) 미국, 작가

그대, 부드럽고, 그대, 정신이 맑으며, 현명하며 존귀한 음료여.

Thou soft, Thou sober, sage and venerable liquid.

— 콜리 시버Colly Cibber(1671~1759) 영국, 배우 겸 극작가

그들은 휘파람을 불고 희망의 열을 뿜는 다관 옆에서 차를 함께 나누어 마셨다.

They sipped and shared next to a teapot of whistling wishes and steaming dreams.

— 테리 길레메츠Terri Guillemets(1973~) 미국, 작가

깃짐승은 날고 털짐승은 달리며 사람은 입 벌려 말한다. 이 셋은 하늘과 땅 사이에 모두 태어나 마시고 쪼며 살아간다. 마신다는 것의 의미가 실로 깊고 멀다. 목이 마르면 물(음료)을 마시고 근심과 번뇌를 지워버리려면 술을 마시며 정신을 맑게 하고 잠을 깨려면 차를 마신다.

翼而飛 毛而走 咮而言 此三者俱生於天地間 飮啄以活 飮之時 義遠矣哉 至若救渴 飮之以漿 蠲憂忿 飮之以酒 蕩昏寐 飮之以茶.

— 육우陸羽(733~804) 당나라, 문인

나는 일종의 차 중독자이다. 나는 차 한 잔으로 하루를 구성한다.

I am sort of a tea addict. I structure my day by cups of tea.

— S. T. 조쉬Sunand Tryambak Joshi(1958~) 미국, 작가 겸 문학평론가

나는 하늘이 감당할 수 있는 한 많은 눈, 우박, 서리 또는 폭풍우를 내려달라고 매년 청원서를 제출한다. 겨울의 벽난로 가에는 4시에 양초가 켜지고, 따뜻한 양탄자, 차, 고급 차도구, 닫힌 덧문, 바닥까지 널찍한 커튼이 드리워진 천국의 즐거움은 누구나 알고 있다. 여전히 바람과 비는 맹렬히 쏟아지지만 들리지는 않는다. 이처럼 섬세한 즐거움은 폭풍우나 악천후 없이는 완전

해지지 않는다. 11월 첫째 주에 시작하여 1월 말까지의 기간이 행복한 계절일 것이다. 이 기간에는 차도구를 가지고 방으로 들어간다. 차는 신경질적인 감수성이 있거나 와인으로 인해 본성이 거칠어진 사람에게는 조롱을 받기는 하지만, 이처럼 세련된 청량함을 주는 음료의 영향을 의심하는 사람은 거의 없어서, 지식인이 언제나 좋아하는 음료이기 때문이다. 나는 사무엘 존슨 박사와 힘을 모아 차를 폄하하는, 경건하지 못한 사람들에 맞서 싸울 것이다.

I put up a petition, annually, for as much snow, hail, frost, or storm of one kind or other, as the skies can possibly afford. Surely everybody is aware of the divine pleasures which attend a winter fireside—candles at four o'clock, warm hearth-rugs, tea, a fair tea-maker, shutters closed, curtains flowing in ample draperies on the floor, whilst the wind and rain are raging audibly without. Most of these delicacies cannot be ripened without weather stormy or inclement. Start at the first week of November: thence to the end of January, you may compute the period when happiness is in season,—which, in my judgment, enters the room with the tea-tray. For tea, though ridiculed by those who are naturally coarse in their nervous sensibilities, or are become so from wine-drinking, and are not susceptible of influence from so refined a stimulant, will always be the favourite beverage of the intellectual; and, for my part, I would have joined Dr. Samuel Johnson against any impious person who should have presumed to disparage it.

— 토마스 드 퀸시Thomas De Quincey(1785~1859) 영국, 작가 겸 평론가

내 경험에 의하면 차가 브랜디보다 낫다는 확신을 하게 되었다. 아프리카에서 보낸 여섯 달 동안 브랜디를 마시지 않고 심지어 아플 때마저도 차를 마셨다.

— 시어도어 루스벨트Theodore Roosevelt(1858~1919)
제26대 미국 대통령

누가 차를 쓰다고 하였는가? 냉이처럼 달콤한 것이다.

誰謂茶苦, 其甘如薺

Who says tea is bitter? It's as sweet as shepherd's purse.

— 중국『시경(詩經)』

당신의 차를 위해 뒤에서 일하는 사람들을 항상 기억하십시오. 그들이 아니었다면 지금 이 순간 무엇을 마시고 있겠습니까?

Always remember those who work behind the scenes for your tea. If it were not for them, what would you be drinking in this moment?

— 루 앤 판눈치오Lu Ann Pannunzio, 캐나다, 작가

때 없이 따서 만들거나, 정성 들이지 않고 만들거나, 다른 잡초를 섞어 만든 차를 마시면 병에 걸린다.

採不時 造不精 雜以卉莽 飮之成疾

— 육우陸羽(733~804) 당나라, 문인

『다경茶經』 일지원一之源 "차의 따기와 만들기"에 나오는 말이다. 차는 제 철, 제때 따고 정성을 다해서 만들어야 하는데 그러지 않거나 잡초가 섞인 차를 달여 마시게 되면 병을 얻는다는 것이다. 『설문해자說文解字』에 의하면 훼卉는 풀을 총칭한다고 하였고 망莽 또한 풀과 잡초를 일컫는다 하였다. 차가 잡초와 어울리면 차는 제 맛을 잃을 뿐만이 아니라 차가 갖는 약성과 정기를 잃게 되고 병에 걸린다고 하였는데 여기서 병은 한질寒疾, 열질熱疾, 말질末疾(肢) 복질腹疾, 감질感疾, 심질心疾 등 육질六疾을 통틀어 말한다.

혹자는 잡초가 혼합된 차를 마신 것은 인류가 차를 마시게 된 역사와 같이한다는 이야기도 한다. 그러나 분명한 것은 잡초

가 섞인 차는 차의 채취와 선별이 부실한 데 있고 차의 상품화도 하나의 원인일 수도 있다. 차 가격이 치솟거나 공급이 여의치 않을 때 식별이 어려운 잡초를 혼합하여 부피 또는 무게를 늘려 경제적 이익을 보려는 부도덕한 상행위에 기인한다. 몇 가지 사례를 들어본다. 제인 페티그루Jane Pettigrew의『차의 사회사 A Social History of Tea』에 의하면 18세기 영국에서는 높은 차세茶稅를 피하고 판매를 늘리기 위하여 자두나무 잎, 리커나무, 한 번 사용한 찻잎, 기타 그와 유사한 나뭇잎 등의 이물질을 섞은 혼합차adulterate tea나 더러운 차smuchy tea가 성행했었다고도 한다. 또한 영국의 저명한 식품학자인 비 월슨Bee Wilson의『식품 위장 僞裝의 역사Swindled』에 의하면 1818년 영국 유력지 더 타임스는 "영국 런던의 차 판매업자의 9할은 다소간에 혼합물 차를 판매하고 있다"라는 사설을 실었었다고 한다. 또한 차 탐험가 로버트 포천Robert Fortune의 기행문인『차의 나라 중국 여행기A Journey to the tea countries of China』에 의하면 19세기까지만 하여도 중국에서는 제다 과정에서 다른 나뭇잎이나 석고를 섞거나 화학 염료로 착색하는 것을 관행으로 하고 있었다고 한다. 참으로 어두웠던 시대의 이야깃거리이기면서도 한편으로는 언제 어디서 재현될지도 모를 경종이기도하다.

마실거리가 된 차는 여러 나라의 예술가나 조각가에게 영감의 원천이 되었다.

Tea as a drink has been a source of inspiration to artists and sculptors in many lands

— 윌리엄 H. 우커스William H. Ukers(1873~1945)
미국, 작가 겸 저널리스트

마법에 걸린 마실거리이다.

Bewitched water.

— 제임스 모리스 스콧James Maurice Scott(1906~1986)
영국, 작가 겸 모험가

맛이 달고 보드라우면 위이고, 쓰고 떫으면 아래이다.

味以甘潤爲上 苦澁爲下

— 장원張源(1568~1660), 명나라, 학자

모자를 쓰는 방식, 차를 홀짝이는 방식, 그 모든 것의 기억은 -- 아니, 아니! 그들은 나에게서 그것을 빼앗을 수 없다!

The way you wear your hat, The way you sip your tea, The mem'ry of all that -- No, no! They can't take that away from me!

— 아이라 거쉰Ira Gershwin(1896~1983) 미국, 작곡가

물에 부드럽게 굴복하는 마음이 미끄러지듯,
그리고 자연의 여신과 함께 자연의 일부인 차를 마시네

Soft yielding Minds to Water glide away,
And sip, with Nymphs, their elemental Tea.

— 알렉산더 포프Alexander Pope(1688~1744) 영국, 작가

사람들이 매일 차 한 잔을 마시면 약사들은 굶어 죽을 것이다.

Drinking a daily cup of tea will surely starve the apothecary.

— 중국 속담

아침에 차를 마신다. 다음 오전 11시에 차를 마신다. 점심 식사 후, 차를 위해 차를 마신다. 다음 저녁 식사 후, 그리고 다시 밤 열 한시에. 다음 상황에서는 차를 거부해서는 안 된다. 날씨가 더우면, 날씨가 추우면, 당신이 피곤하면, 누군가가 당신이 피곤할 수 있다고 생각한다면, 당신이 긴장한다면, 당신이 게이라면, 당신이 외출하기 전에, 외출 중이라면, 막 집으로 돌아온 후에, 차를 마시고 싶다고 느낀다면, 차를 마시고 싶지 않다고 느낀다면, 한동안 차를 마시지 않았다면, 방금 한 잔을 마셨다면.

Then you have tea for breakfast; then you have tea at eleven o'clock in the morning then after lunch, then you have tea for tea then after supper and again at eleven o'clock at night. You must not refuse any additional cups of tea under the following circumstances, if it is hot; if it is cold; if you are tired, if anybody thinks that you might be tired, if you are nervous, if you are gay, before you go out; if you are out, if you have just returned home, if you feel like it, if you do not feel like it, if you have had no tea for some time, if you have just had a cup.

— 조지 마이크George Mikes(1912~1987) 영국, 저널리스트

헝가리 출신으로 영국에서 활동했던 조지 마이크George Mikes는 수시로 차를 마시는 영국인을 빗대서 이처럼 유머러스하게 말하였다.

역사에는 차에 탐닉한 사람도 많지만, 그중에서도 프랑스의 사회학자이자 철학자인 피에르 부르디외Pierre Bourdieu(1930~2002)는 강한 차를 마시지 않고서는 강의를 할 수 없었다고 한다. 차를 마시지 않으면, 생각을 정리할 수 없고 혼란스러웠다. 또한 프랑스의 낭만주의 작가이자 정치인인 빅토르 위고Victor-Marie Hugo(1802~1885)는 죽기 직전에 편안한 의자에 앉아 홍차를 마시고 싶다고 말했었다고 한다. 오스트리아인으로 정신분석학의 창시자인 지그문트 프로이트Sigmund Freud(1856~1939)는 차의 열렬한 지지자로 알려져 있다. 그는 환자 치료 중에도 차를 마셨다고 하니 가히 그 정도를 알 만도 하다.

"생애를 돌아다 보니 한 잔의 차에 한 권의 경책뿐"이라고 한 조선 중기 고승 부휴선사浮休禪師(1543~1615)의 말이 생각난다. 선사에게는 한 잔의 차와 한 권의 경책이 인생의 전부이자 같은 무게인 것이다.

야생 수목 중에서 오랜 세월에 걸쳐 문명화되어 진귀한 나무가 되고, 나아가서는 세계적인 기호음료로 발전하게 된 것은 차와 커피나무뿐일 것이다. 한편으로는 잎이 또 다른 한편으로는 열매가 문명화된 두 가목은 바로 인류 기호음료의 시금석이다.

野生の樹木の內, 長い年月を經て文明化され, 嘉木となり, さらには世界的な嗜好飲料へ發展したのは, 茶とコーヒーの木のみであろう. 一方では「葉」, 他方では「實」(豆)が文明化され, 兩嘉木は まさに人類の嗜好飲料の試金石である.

— 마스부치 소이치増淵宗一(1939~) 일본, 작가

옛날에 공자의 고향에서는 차액茶液을 외상 소독용으로 사용하였었다. 차액은 옥시풀과 같은 자극적인 통증을 주지 않으면서 부드럽게 상처 부위에 작용한다. 어린이가 넘어져서 피부가 벗겨진 것과 같은 경우 등, 혹시라도 가까운 곳에 식은 차가 있으면 차액으로 상처 부위를 씻어주는 것이 좋다.

孔子の里では昔, 茶液を外傷の消毒に使っていた. 茶液はオキシフルのような 刺戟的痛みを伴わず, おだやかに傷口に作用する. 子供が轉んで皮膚をすりむいた時など, もし近くに冷めたお茶があったら, 茶液で傷口を洗ってやるのがよい.

— 공상림孔祥林(1951~) 중국, 공자연구학자, 공자75대손

20세기에 접어들 무렵, 커피와 차 소비에 수반하여 퍼진 카페인 문화는 이미 서양의 사회 습관과 예술에 깊이 스며들어 커피콩은 세계 최대의 환금작물이 되고, 차는 세계에서 제일 인기 있는 음료가 되었다.

By the twentieth century, the cultural life of caffeine, as transmitted through the consumption of coffee and tea, had become so interwoven with the social habits and artistic pursuits of the Western world that the coffee berry had become the biggest cash crop on earth, and tea had become the world's most popular drink.

— 베넷 앨런 와인버그Bennet Alan Weinberg, 미국, 의료분야 전문작가
— 보니 K. 빌러Bonnie K. Bealer, 인류분야 전문작가

인간의 문명은 세 종류의 중요한 비알코올 음료를 낳았다. 찻잎에서 추출한 것, 커피콩에서 추출한 것, 그리고 카카오콩에서 추출한 것이다.

Civilization has produced three important non-alcoholic beverages-the extract of the tea leaf, the extract of the coffee beans, and the extract of the cacao bean.

— 윌리엄 H. 우커스William H. Ukers(1873~1945)
미국, 작가 겸 저널리스트

저는 차 음료가 얼마나 다재다능하고 훌륭한지 세상에 보여주는 임무를 맡고 있습니다.

I'm on a mission to show the world just how versatile and woderful the beverage of the truly is.

— 루 앤 판눈치오Lu Ann Pannunzio, 캐나다, 작가

좋은 불, 맑은 샘물 직접 끓이니 향기로운 푸른 차 찌든 창자 씻어주네

活火淸泉手自煎　香浮碧椀洗暈羶

— 이숭인李崇仁(1347~1392) 고려, 문인

중국인은 작은 잔으로 훌쩍 마신다. 일본인은 거품을 낸다. 미국인은 차게 하여 마신다. 티베트에서는 버터를 혼합하고, 러시아에서는 레몬을 첨가하며, 북아프리카에서는 민트를 넣는다. 아프가니스탄인은 칼다멈으로 풍미를 추가한다. 아일랜드인과 영국인은 밀크와 설탕을 넣어 아침, 낮, 저녁으로 무언가에 찍어 마신다. 인도인은 연유를 첨가하여 끓인다. 오스트레일리아인은 "빌리"라고 하는 금속제의 용기로 차를 마신다.

The Chinese sip it from tiny cups, the Japanese whisk it. In America they serve it iced. The Tibetans add butter. The Russians serve with lemon. Mint is added in North Africa.

Afghans flavor it with cardamom. The Irish and British drink it by the gallon with milk and sugar. The Indians boil it with condensed milk. In Australia it is brewed in a "billy" can.

— 헬렌 사베리Helen Saberi, 영국, 음식 역사학자 겸 작가

중국의 영약에서 세계의 마실거리로.

From chinese spiritual medicine to world drink.

— 비트리스 호헤네거Beastrice Hohenegger, 이탈리아, 작가

지구상 모든 나라 사람들이 그 나라 고유의 아름다운 전통과 어우러진 차를 마신다. 차는 서둘러 마실 수 없기에 격조가 있고, 차는 전 세계 모든 사람이 마실 정도로 절대 질리지 않는 장점이 있는 음료이다. 차는 우리에게 새로운 기운을 준다. 아침에 상쾌하게 출발할 수 있게 해주고, 한낮에 기분 좋게 휴식할 수 있게 해주며, 잠자리에 들기 전에 마시기에도 부담스럽지 않아 아주 완벽할 정도로 좋은 음료이다. 차 한 잔을 서로 앞에 두고 마시며 유쾌하게 대화하면서 기분전환도 하고, 일상의 번잡함과 분주함에서 벗어나 쾌적하게 휴식을 즐기다 보면, 마음이 편안해지고 삶의 품격도 높아진다.

— 잭 캔필드Jack Canfield(1944~) 미국, 작가

지금이 티타임입니다. 어디선가, 또는 모든 곳에서.

It is tea time right now, somewhere, or everywhere.

— 로버트 고든Robert Godden, 오스트레일리아, 차 사업가

진정한 남자는 차를 마신다!

Real men drink tea!

— 스팅Sting(1951~) 영국, 싱어송라이터 겸 배우, 사회운동가

차가 마실거리가 된 것은 신농씨에서부터이다.

茶之爲飲 發乎神農氏

— 육우陸羽(733~804) 당나라, 문인

『다경』제6장 차를 마시기에 나오는 말이다. 육우는 인간이 차를 마시게 된 시점을 중국의 고대 전설인 삼황三皇중의 농업의 신이자 의약의 신으로 추앙받는 신농神農에서 부터라고 하였다. 즉 신농이 차를 마시고 그 덕성을 깨달아 백성들에게 널리 퍼지게 하였다고 한다. 그래서 신농을 차의 조신祖神으로 하는 것이다.

그에 대한 신화에는 여러 가지가 있으나 그중에서도 가장 일반적을 알려진 이야기로는 "신농이 매일 산과 들을 헤매다니면서 백초를 맛보고 약초와 독초를 가리던 어느 날 목이 말라 나무 그늘에서 물을 끓이는데 때마침 불어오는 바람에 몇 잎의 나무 잎이 끓어오르는 물에 떨어지더니 잠시 후 물에서는 은은한 향기가 나고

물색이 연한 노란색으로 변했었는데 그 물을 마시고 나니 갈증이 사라지고 힘이 솟으면서 정신이 맑아졌었다"고 한다. 영험한 그 나뭇잎이 차나무잎이었다고 한다는 전설에서 유래한다.

차는 공정하고 현명한 음료.

Tea is the liquor of the fair and wise.

— 던컨 캠벨Duncan Campbell(1952~) 영국, 저널리스트

차는 물 다음으로 전 세계적으로 가장 인기 있는 음료이다.

Tea is the most popular beverage, after water, throughout the world.

— 레스터 미처Lester A . Mitscher(1931~2015) 미국, 과학자

차는 세계를 정복한 마실거리이다.

The drink that conquered the world.

— 톰 스탠디지Tom Standage(1969~) 영국, 작가 겸 저널리스트

차는 세상의 시끄러운 소리를 잊기 위해 마시는 것이다.

Tea is drunk to forget the din of the world.

— 전예형田藝蘅(1524~1591) 명나라, 학자

차는 전 세계적으로 물 다음으로 가장 인기 있는 음료입니다.

— 작자 미상

차는 지구상에서 가장 많이 소비되는 마실거리일 뿐 아니라 물을 제외하면 인류가 가장 예로부터 알고 있던 마실거리의 하나이다. 그 기원은 유사 이전으로 거슬러 올라가며 전설과 신화에 쌓여 있다.

Tea is not only the most consumed beverage on the face of the earth, aside from water, it is also on of the oldest known to humankind, its beginning date back to a time before history, behind the veil of legend and myth.

— 비트리스 호헤네거Beastrice Hohenegger, 이탈리아, 작가

차는 초기 공장 노동자들의 에너지원이었다. 당시(영국 산업혁명기)의 공장은 기계는 수증기를, 사람은 김蒸氣이 피어오르는 마실거리를 동력원으로 한 것이다.

Tea was the drink that fueled the workers in the first factories, places where both men and machines were, in their own way, steam powered.

— 톰 스탠디지Tom Standage(1969~) 영국, 작가 겸 저널리스트

차는 홀로 마셔야 한다…

Tea should be taken in solitude…

— C. S. 루이스Clive Staples Lewis(1898~1963) 영국, 작가

예로부터 차는 혼자서 마시는 것을 진수로 한다고 하였다. 명나라 문인 장원張源은 『다록茶錄』에서 차 마실 때는 손이 작아야 귀하고 손이 많으면 시끄럽고, 시끄러우면 아취가 덜하다飮茶以客少爲貴 客衆則喧 喧則雅趣乏矣라고 하면서 홀로 마시면 신령스럽다獨啜曰神고 하였다. 차는 사색과 명상에 가장 어울리는 것으로 그러자면 홀로 마시는 것이 제격일 것이다.

…차, 동양에서 왔지만,
적어도 신사이다.
코코아는 바보이자 겁쟁이,
코코아는 천박한 짐승…

…Tea, although an Oriental,

Is a gentleman at least;

Cocoa is a cad and coward,

Cocoa is a vulgar beast…

— 체스터턴Gilbert Keith Chesterton(1874~1936) 영국, 작가 겸 평론가

차를 마실 때는 아무것도 하지 않는 것이 예의이다.

Doing nothing is respectable at tea.

— 사사키 산미佐々木三美, 일본, 차인

차를 많이 마시지 않으면 일을 할 수 없습니다.
차는 내 영혼 깊은 곳에서 잠자는 잠재력을 발휘합니다.

I must drink lots of tea or I cannot work.

Tea unleashes the potential which slumbers in the depth of

my soul.

— 레오 톨스토이Leo Tolstoy(1828~1910) 러시아, 작가 겸 종교사상가

차를 천국의 식물이라 일컬어 왔다. 차는 4,000년간 의약품으로, 즐거움을 위한 음료로 그 효용가치가 있어 왔다.

It's been called the plant of Heaven. For 4,000 years, it's been valued both as a medicine and a drink for pleasure.

— 빅토리아 잭Victoria Zak, 미국, 작가

차와 물과 불이 함께 있으니 일곱 잔을 마셔도 오히려 모자라는구나, 차 마시는 것으로 깊은 낙을 삼기에 족한데 어찌 날마다 술에 취하랴.

三昧手己熟 七勤味何竝 持此足爲樂 胡用日酩酊

— 이규보李奎報(1168~1241) 고려, 문신 겸 학자

차-원기를 주되 취하게 하지 않는 음료.

Tea-the cups that cheer but not inebriate.

— 윌리엄 카우퍼William Cowper(1731~1800) 영국, 작가

차의 쓰임은 처음 의료용이었으나, 고대 중국의 본초 학자나 치료사에 의한 영혼물질靈魂物質의 탐구에서는 도교사상의 어떤 발전 인자가 있다고 믿어진 나머지 단순한 약으로부터 바로 성스러운 마실거리가 되고 불사의 영약으로 추켜세워졌다.

Though the beginnings of tea were medicinal, in the ancient Chinese herbalist and healers search for soul substance lay the seed of Taoist thought, which would elevate tea from simple remedy to nothing less than sacred beverage and elixir of immortality.

— 비트리스 호헤네거Beastrice Hohenegger, 이탈리아, 작가

차의 인기가 높아지고 있다. 아이스티에서부터 향차까지, 소박한 홍차에서 달고 우유가 많은 차이(chai)까지, 꽃이 만발한 꽃차에서 힐링 허브티까지, 어떤 음료도 모든 문명의 중심에서 이 정도의 위상을 차지하지 못했다. 차가 물 다음으로 세계에서 가장 인기 있는 음료인 것은 당연하다.

Tea is hot and getting hotter. From iced to spiced, from austere black tea to sweetened and milky chai, from a flowery pick-me-up to a healing herbal, no other beverage has such a place in the heart of every civilization. No wonder it is the most popular beverage in the world, next to water.

— 사라 페리Sarah Perry(1979~) 미국, 작가

포도주는 신의 음료, 우유는 아기의 음료, 차는 여자의 음료, 물은 짐승의 음료이다.

Wine is the drink of the gods, milk the drink of babes, tea the drink of women, and water the drink of beasts.

— 존 스튜어트 블래키|John Stuart Blakie(1809~1895) 영국, 문인

한 잔의 차를 마시는 것은 찻잔 안에서 목욕하는 것과 같다.

A cup of tea is like having a bath on the inside.

— 작자 미상

제3부

차의 미덕

: 차의 마음과 은덕

가지 끝의 작설을 따다가, 이슬과 안개 묻은 잎을 절
구질하여, 자색 구름송이처럼 빚어내었네! 황금 맷돌
가볍게 돌리니, 푸른 가루가 피어나네.

採取枝頭雀舌　帶露和烟搗碎　結就紫雲推　輕動黃金碾　飛起
綠塵埃

— 소식蘇軾(1037~1101) 송나라, 문장가

각각의 차 한 잔은 상상 속의 항해를 상징한다.

Each cup of tea represents an imaginary voyage.

— 캐서린 던젤Catherine Donzel(1930~) 미국, 작가

강물 길어 햇차를 달이고, 청산을 병풍으로 삼았네.

汲來江水烹新茗　買盡青山當畵屛

— 정섭鄭燮(1693~1765) 청나라, 서화가

거친 차와 소박한 밥으로 장수한다.

粗茶淡飯, 延年益壽

— 중국 속담

건강하게 먹는 것과 같이 건강하게 마시는 것을 의식하는 것도 중요하다. 차는 대단한 치유력이 있기 때문이다.

As much as you can eat healthy, it's also important to remember to drink healthy too. Tea is very healing.

— 크리스틴 던 체노웨스Kristin Dawn Chenoweth(1968~) 미국, 배우

고요히 앉아 있노라면 차 한창 익어 향기가 나기 시작하는 듯하고, 신묘한 작용이 일어날 때면 물이 절로 흐르고 꽃이 열리는 듯하네.

靜坐處茶半香初 妙用時水流花開

— 김정희金正喜(1786~1856) 조선, 문신 겸 서예가

꽃잔에 눈 같은 차 기울이자, 오장육부가 모두 청신해진다.

花甌快傾如卷雪 頓覺六用俱清新

— 조위曹偉(1454~1503) 조선, 문신

그것을 특별하게 만드는 것은 차가 아니다. 바로 티파티의 정신이다.

It's not the tea that makes it special; it's the spirit of the tea party.

— 에밀리 반즈Emilie Barnes(1938~2016) 미국, 작가

그대여, 어지러운 머릿속을 정리해 줄 차 한 잔을 내게 준다면, 내가 당신의 사정을 더 잘 이해할 텐데.

My dear, if you could give me a cup of tea to clear my muddle of a head. I should better understand your affairs.

— 찰스 디킨스Charles Dickens(1812~1870) 영국, 작가

그를茶 마시면 술이 깨고 사람이 졸리지 않게 한다.

其飲醒酒　令人不眠

— 장읍張揖(220~265) 위나라, 학자

그 액체는 천상에서 내려온 아주 감미로운 이슬이다.

— 육유陸遊(1125~1210) 송나라, 시인

끽다거

喫茶去

— 조주趙州(778~897) 당나라, 승려

한 · 중 · 일 삼국의 선종에 크게 영향을 끼친 당나라 고승 조주趙州 종심從諗선사가 한 말이다. 『조주록趙州錄』에 따르면 선사가 80세 때의 일인데 스님께서 새로 온 수행 스님에게 물었다.

"스님들은 여기에 와 본 적이 있는가?"

한 스님이 대답했다.

"와 본 적이 없습니다."

"차를 마시게."

또 한 사람에게 물었다.

"여기에 와 본 적이 있는가?"

"왔었습니다."

"차를 마시게."

원주가 물었다.

"스님께서는 와 보지도 않았던 사람에게 차를 마시라고 하신 것은 그만두고라도, 무엇 때문에 왔던 사람도 차를 마시라고 하십니까?"

스님께서 "원주야!"하고 부르니 원주가 "예!"하고 대답하자 "차를 마셔라!" 하셨다는 데서 나온 말이다.

그로부터 이 화두는 천년이 지난 오늘에도 식지 않고 되살아나 훈훈한 선풍이 찻잔에 녹아들게 하고 있다. 다선일미茶禪一味 사상의 탄생 계기가 되기도 하였다.

'끽다거喫茶去'라는 말은 "차를 마시고 가거라" "가서 차를 마셔라"로 풀이 할 수도 있겠으나 '거'는 "차를 마시라"는 말을 강조하기 위한 조사助辭라고 보는 견해가 많다.

'끽다거'는 조주무자趙州無字의 공안公案이다. 깨우친 자에게나 미처 깨우치지 못한 자에게나 무사 공평하게 "차를 마시게"하며 대하는 조주의 삼자일어三字一語는 참으로 깊고 넓은 간화선看話禪의 세계를 느끼게 한다.

끽차는 선도를 근본으로 한다.

喫茶は禪道を旨とする.

― 주쿠안 소타쿠寂庵宗澤, 일본, 승려

나는 선언한다. 인생에서 자신의 길을 가고자 하는 사람은 손에 끓는 찻주전자를 들고 세상을 여행하는 것보다 나은 일은 없다고.

I declare, … a man who wishes to make his way in life could do nothing better than go through the world with a boiling tea-kettle in his hand.

― 시드니 스미스Sydney Smith(1771~1845) 영국, 작가 겸 성직자

나는 자라면서 항상 바위산 중간쯤에서 차를 한잔 마셨다.

I was always brought up to have a cup of tea halfway up a rock face.

— 베어 그릴스Bear Grylls(1974~) 영국, 탐험가

**나는 작은 차 한 덩어리를 받았고,
그리고 차를 우리고, 시원함을 느꼈다.
나는 원하는 대로 바람을 일으킨다.
왜 천국이 필요할까?
내 온몸이 구름 사이를 떠다닌다.**

I received a small brick of tea,

And brewing it, I felt cool;

I can do with the wind what I will.

Why should I need paradise?

My whole body is floating amid the clouds.

— 기토 슈신義堂周信(1325~1388) 일본, 승려

나는 차가 가져다주는 잠깐의 휴식을 좋아한다.

I like pause that tea allows.

— 와리스 알루와리아Waris Singh Ahluwalia(1975~)
인도, 배우 겸 디자이너

나는 차를 너무 좋아해서 차의 미덕에 관한 논문 한 편을 쓸 수 있을 정도이다. 차는 위스키에 수반되는 위험 없이 위안과 활력을 준다. 부드러운 허브! 화려한 포도는 차에게 양보하게 하자. 너의 부드러운 힘은 사회적 기쁨에 더욱 안전한 영감을 준다.

I am so fond of tea that I could write a whole dissertation on its virtues. It comforts and enlivens without the risks attendant on spirituous liquors. Gentle herb! Let the florid grape yield to thee. They soft influence is a more safe inspirer of social joy.

— 제임스 보스웰James Boswell(1740~1795) 영국, 변호사 겸 작가

나는 차를 즐기며 내 영혼으로 차를 감상하므로 그 이유를 설명할 수 없습니다.

I take pleasure in tea, appreciating it with my spirit and therefore cannot explain why.

— 센리큐千利休(1522~1591) 일본, 차인

일본 다도의 주류를 이루는 리큐류利休流 다도를 개조開祖한 센리큐는 차를 심미주의나 사교적 수단이 아닌 심오한 영적 영역에서 접근하려고 한데서 나온 말이다.

나는 프란츠 슈베르트가 왜 그의 미완성 교향곡을 끝
내지 않았는지 이제 알겠다.
그는 더 많이 작곡할 수 있었을 것이다.
하지만 시계가 4시를 쳤다.
그리고 모든 것이 차를 마시기 위해 멈췄다.

I know now why Franz Schubert Never finished his
unfinished symphony.
He would have written more
but the clock struck four
And everything stopped for tea.

— 롱 존 볼드리Long John Baldry(1941~2005) 영국, 가수

내가 다실에서 차를 마시면 차와 함께 온 우주를 삼키
고 있다는 것과 찻잔을 들어 입에 대고 있는 바로 이 순
간이 시공을 초월한 영원 그 자체라는 것을 어느 누가
부정하겠는가?

Who would then deny that when I am sipping tea in my
tearoom I am swallowing the whole universe with it and that
this very moment of my lifting the bowl to my lips is eternity
itself transcending time and space?

— 스즈키 다이세쓰鈴木大拙(1870~1966) 일본, 불교학자

내 손에는 차 한 그릇이 있다. 나는 녹색으로 표현된 모든 자연을 본다. 눈을 감으면 내 마음속에 푸른 산과 맑은 물이 있다. 조용히 앉아 차를 마시다 보면 이것들이 내 일부가 된 것 같다.

In my own hands I hold a bowl of tea; I see all of nature represented in its green color. Closing my eyes, I find green mountains and pure water within my own heart. Silently sitting alone and drinking tea, I feel these become a part of me.

— 센 소시쓰千宗室(1923~) 일본, 裏千家十五代千宗室

노승은 부처님 모시듯 차를 고르고
계율 지키듯 차순과 차눈을 다루며,
차를 덖고 말리기에 두루 통달하여
차의 맛과 향을 따라 열반의 경지에 든다네.

老僧選茶如選佛

一槍一旗嚴持律

尤工炒焙得圓通

從香味入波羅密

— 초의草衣(1786~1866) 조선, 승려

초의선사는 우리나라 다도를 중흥한 조선시대의 대선사이다. 스님은 1786년 전남 무안군 삼양면에서 태어났다. 자는 중부中孚, 호는 초의草衣, 당호는 일지암一枝庵이다.

초의선사(출처 : 한국민족문화대백과사전)

차와 선이 별개의 둘이 아니고 시와 그림이 둘이 아니며 시와 선이 둘이 아니라는 제법불이諸法不二의 소신으로 종교적 기속을 초월한 실학적 접근을 통하여 후학에게 많은 사물을 깨우쳤고 특히 조선조의 억불정책으로 쇠퇴해 가던 차문화를 개탄하고 이를 일으킨 큰 스님이시다. 허물어져 가던 다도를 복원하기 위하여 명나라의 장원張源이 지은『다록茶錄』중에서『만보전서萬寶全書』에「채다론採茶論」으로 실렸던 부분을 초록 개명하여『다신전茶神傳』을 펴내어 많은 사람이 오묘한 차의 선미를 보다 체계적으로 가까이 할 수 있게 하였다. 나아가서는 우리 차의 우수성을『동다송東茶頌』을 통하여 널리 밝혀 알림으로써 우리 문화의 자긍심을 일깨우게 하였다. 그 밖에도『일지암문집一枝庵文集』,『일지암시고一枝庵詩稿』,『선문사변만어禪門四辯漫語』등의 귀중한 사료를 남겼다.

일지암(출처 : 대흥사)

노자와 그 추종자들은 차를 천연의 약으로 보고 알맞게 사용하면 인체에 유익하고 따라서 사람들을 구제하는 수단이 되기도 한다고 생각하고 있었다. 노자와 거의 같은 시대에 태어난 공자는 차를 양식화樣式化 함으로써 도덕적인 사회에 없어서는 안될 전통적 관계를 보다 강화하는 것으로 생각했다. 공자는 중국 고대로부터 있는「예禮」를 도덕적 규범으로까지 높이고 있다. 그는 다도와 같이 예의 바른 작법으로 몸에 맞는 행동거지가 마음으로부터 공경하는 마음가짐을 동반하는 것이라면 인격을 풍요롭게 하고 동료와 조화롭게 사는 데 도움이 된다고 하였다.

Lao Tzu and his followers regarded tea as a natural agent that, properly used, could help beneficially transform the individual human organism and, as such, was a tool for the advancement of personal salvation. Confucius, who lived at about the same time as Lao Tzu, saw in the ceremonial use of tea a powerful reinforcement of the conventionalized relationships indispensable to an ethical society. Confucius ennobled the ancient Chinese li, or "ritual etiquette," into a moral imperative. He taught that, when conjoined with the requisite attitude of sincere respect, conduct guided by decorous ceremony such as ritual tea drinking cultivated the person and allowed him to live harmoniously with his fellows.

— 베넷 앨런 와인버그Bennet Alan Weinberg, 미국, 의료분야 전문작가
— 보니 K. 빌러Bonnie K. Bealer, 인류분야 전문작가

녹차는 성질이 약간 차고, 맛은 달고 쓰며 독은 없다. 기를 내리고 숙식을 소화시키며, 머리와 눈을 맑게 하고 소변을 잘 나오게 하며, 소갈을 멎게 하고 잠을 적게 자게 한다. … 녹차는 굽거나 볶은 음식의 독을 풀어준다. 오래 마시면 사람의 기름을 빼내어 마르게 한다. 많이 살찐 사람이 마시면 좋다.

— 허준許浚(1539~1615) 조선, 의관

녹차는 알코올 성분으로 인한 두통에 아주 유용하며 특정한 학문의 연구 주제에 정신을 오랫동안 과도하게 써서 생기는 두통에도 상당히 유용하다. 또한 과민증을 완화하는데, 신경 시스템을 진정시키는데 효과가 있다. 차는 동물적인 심성을 약화하는데, 지친 정신을 각성시키는 데 큰 역할을 하며 사고를 맑고 정신 능력을 밝게 하는 데 효과가 있고 두뇌의 에너지를 재충전하며 자율적이며 원활한 기관이 될 수 있도록 도움을 준다.

Green tea is found to be particularly useful in the headache produced by the stimulation of alcoholic fluids and in a similar affection arising from intense and long continued application of the mind to any particular object of literary research and there are few who have not experienced its salutary influence under such circumstances in soothing the irritation- calming the nervous system- invigorating the animal frame- refreshing the jaded spirits- clearing the ideas- brightening the faculties- and so far recruiting the energies of the brain as to render it again a willing and obedient organ.

— 윌리엄 뉴넘William Newnham(1790~1865) 영국, 의사

『다경』에는 불교, 도교, 유교 등 당시의 지배적인 종교관이 많이 담겨있다.

he invested the ch'a ching with the concept that dominated the religious thought of his age. whether Buddhist, Taoist or Confucian to see in the particular an expression of the universal.

— 베넷 앨런 와인버그Bennet Alan Weinberg, 미국, 의료분야 전문작가
— 보니 K. 빌러Bonnie K. Bealer, 인류분야 전문작가

『다경』에서 끽차 또는 생활에서의 중용, 청결과 형식 그리고 세심한 마음가짐과 손님이 편하도록 배려하는 것 등이 중요하다고 하는 구절은 어느 것이나 유교의 예 정신을 반영하고 있으며 특히 의미가 깊다.

The passages that emphasize the value of moderation in tea-drinking and lifestyle; close attention to detail, cleanliness, and form; and the careful consideration of the guest's comfort are particularly significant as each point evinces a Confucian regard for Li.

— 프랜시스 로스 카펜터Francis Ross Carpenter(1879~1953) 미국, 작가

다도는 도교를 분장한 것이다.

Teaism is Taoism in disguise.

― 오카쿠라 가쿠조岡倉覺三(1863~1913) 일본, 작가 겸 평론가

다도는 세계적으로 존중 받아 온 유일한 아시아적 의식儀式이다.

(Teaism)It is the only Asiatic ceremonial which commands universal esteem.

― 오카쿠라 가쿠조岡倉覺三(1863~1913) 일본, 작가 겸 평론가

다도는 아름다움을 찾기 위하여 아름다움을 감추면서 드러나기를 꺼리는 것을 암시하는 예술이다.

Teaism is the art of concealing beauty that you may discover it, of suggesting what you dare not reveal.

― 오카쿠라 가쿠조岡倉覺三(1863~1913) 일본, 작가 겸 평론가

다도는 원래 불교 특히 선승禪僧에 의해서 발달한 동양의 예술이다.

― 김운학金雲學(1934~1981) 한국, 불교학자

다도는 일상생활의 도를 끽다에 붙여 강조하는 말이다.

— 최범술崔凡述(1904~1979) 한국, 승려 겸 정치인

다도란 단지 찻물을 끓여서 차를 달여 내놓고 마시는 것일 뿐임을 알아야 한다.

茶の湯とはただ湯を沸かし茶をたてて飮むばかりなること と知るべし

If you have one teapot And can brew your tea in it That will do quite well. How much does he lack himself Who must have a lot of things.

— 센리큐千利休(1522~1591) 일본, 차인

일본 다도의 중심 이념은 "와비侘"이다. "와비"는 다도를 행함에 있어 모든 행위와 환경 등은 운수雲水와 같이 어떤 것에도 구속되거나 집착됨이 없이 자유롭고 간소하고 차분하여야 하며 유한幽閒하게 행해지는 것을 이상으로 한다는 말이다. 이는 자연주의 사상을 기반으로 하기 때문이다. 그래서 일본 다도는 초암문화草庵文化가 발달해있다. 비록 인공으로 만들어진 초암이기는 하나 원초적인 무위자연을 재현하여 명상하면서 차를 행하려는 것이기 때문이다. 이 사상은 무라다슈코村田珠光(1423~1502)를 거쳐 다케노조오武野紹鷗(1502~1555)에 이르러 "와비" 사상이 중심 이념이 되었으나 센리큐에 이르러 보다 구체적이고 체계적으로 정립됨으로써 "와비"의 이념은 완성되고 일상화, 일본화되었다.

위 명언에서와같이 진정한 행다行茶란 행운유수行雲流水 즉 하늘에 떠가는 구름처럼, 물 흐르듯 찻물을 끓여서 차를 달여 마시는 것으로 자연스러움을 본성으로 하는 것이다. 따라서 값비싼 차도구와 차실의 조형 등 장식성을 부정하는 것 모두가 다 이러한 사상에서이다.

다선일미

茶禪一味

— 원오극근圓悟克勤(1063~1135) 송나라, 승려

차와 선은 둘이 아니고 하나라는 말이다. "선차일체禪茶一體, 차선일치茶禪一致"라고도 한다. 원래 차는 차, 선은 선이었던 것을 하나로 묶어 놓은, 즉 불이일미不二一味로 만든 것은 차가 가지고 있는 자연 친화성과 치유력을 선 수행에 접목한 데서이다. 수행에 필수적으로 수반하는 수면, 갈증, 허기, 무기력증 등을 극복하는 필수 요소로 받아 준 데 따른 것이다. 차 마시는 데 선의 마음이 있고 선 수행을 하는데 차의 마음과 깨달음이 있다는 것이다. 송나라 때 『벽암록碧巖錄』을 저술한 원오극근圓悟克勤이 다선일미 사상을 일으켰다.

　* 영문 표기는 여러 가지가 있다.

　　○ tea zen crew

　　○ tea and zen one flavor

　　○ taste zen in tea ceremony are same

○ 중국경공업출판사 발행 『중국차엽대사전』에는 'same sense in tea and buddhism'이라 적고 있다.

다정한 식물

The kindly plant

— 새커리|William Makepeace Thackeray(1811~1863) 영국, 작가

당신이 차를 대접할 사람이 아무도 없을 때, 아무도 당신을 필요로 하지 않았을 때, 그때가 바로 인생이 끝난 때라 생각하라.

When you have nobody you can make a cup of tea for, when nobody needs you, that's when I think life is over.

— 오드리 햅번Audrey Hepburn(1929~1993) 영국, 배우 겸 자선가

따뜻한 차 한 잔을 마시는 것은 정신적 거품 목욕과 같다.

Sipping a cup of hot tea is like a mental bubble bath.

— 테리 길레메츠Terri Guillemets(1973~) 미국, 작가

더러운 티끌이 없는 차의 정기를 마시거늘 어찌 큰 도
를 이룰 날이 멀다고만 하겠는가?

塵世 除盡精氣入大道 得成何遠哉

— 초의草衣(1786~1866) 조선, 승려

들 샘물로 차 달이는 데 연기는 흰 구름에 스며들고,
앉아서 향긋한 차 마시니 이 산이 가경일세

野泉煙火白雲間　坐飲香愛此山

— 영일靈一, 당나라, 승려

마음은 맑아 물과 같고
탁 트여 막힘이 없네.
바로 이것이 물아物我를 잊는 경지
찻잔은 의당 자작하여 마신다네.

— 김시습金時習(1435~1493) 조선, 문인 겸 학자

만약에 열이 나거나 목마름이나 엉킨 번뇌 그리고 머릿골이 아프거나 눈이 깔깔하거나 사지가 번거롭고 뼈마디가 편치 않을 때 너댓 잔 기울이면 제호 감로와 어깨를 겨룰 만하다.

若熱渴 應悶 腦疼 目澁 四肢煩 百節不舒 聊四五啜 與醍醐 甘露抗衡也

— 육우陸羽(733~804) 당나라, 문인

차에는 몸을 튼튼하게 하고 병을 낫게 하는 치유 효과가 있다는 것을 육우는 간파하고 설명한 말이다. 건강이 좋지 않을 때 차를 몇 잔 마시고 나면 제호醍醐나 감로甘露와 겨룰 만하다는 말로 차의 약리적 효능을 높이 평가하였다. 제호는 말이나 낙타 우유로 만드는 아시아 유목민의 유산균 음료로 자양분이 풍부한 유제품 중에서도 최고의 식품이다. 그래서 제호의 맛이라고 하면 최고의 맛이라는 뜻이다. 감로는 태평성대에 하늘에서 내린다는 상서로운 단 이슬을 말하는 데 육우는 차의 맛과 효능을 그토록 신비한 제호, 감로에 비유한 것이다.

많은 음악이 흘러나오는 카페에 앉아 머릿속에 많은 프로젝트를 생각하고 있는 당신은 실제로 커피나 차를 마시는 것이 아닙니다. 당신은 당신의 프로젝트를 마시고, 당신의 걱정을 마시고 있는 것입니다. 당신은 실재하지 않으며, 커피도 실재하지 않습니다. 당신 자신으

로 돌아가 진정한 현존재를 만들어내고, 과거와 미래, 근심으로부터 자유로워질 때, 당신의 커피는 실체를 드러낼 수 있을 것입니다. 당신이 실재하면, 차 또한 실재하게 되고, 당신과 차의 만남도 실재하게 됩니다. 이것은 진정한 음다 방식입니다.

When you sit in a café, with a lot of music in the background and a lot of projects in your head, you're not really drinking your coffee or your tea. You're drinking your projects, you're drinking your worries. You are not real, and the coffee is not real either. Your coffee can only reveal itself to you as a reality when you go back to your self and produce your true presence, freeing yourself from the past, the future, and from your worries. When you are real, the tea also becomes real and the encounter between you and the tea is real. This is genuine tea drinking.

— 틱낫한釋一行(1926~2022) 베트남, 승려 겸 명상가

맛있는 차 한 잔, 아니 탕관에 적당한 시간이 주어진다면 세계 평화를 위한 모임이 좀 더 부드럽게 진행될 것이다.

World-peace conferences would run more smoothly if "a nice cup of tea", or indeed, a samovar were available at the proper time.

— 마들렌 디트리히|Marlene Dietrich(1901~1992) 미국, 가수

명예와 이익은 모두 버린다

名利共休

— 황백黃伯, 북송, 승려

『대관다론大觀茶論』을 저술한 북송 휘종徽宗(1082~1135)이 어느 날 강소성 진강부江蘇省鎭江府에 있는 금산사金山寺를 방문했을 때 있었던 일이다.

사원 누각에서 양자강을 오가는 수많은 배들을 바라보면서 자기가 정사를 잘하고 있어서 나라가 번영을 누리고 있는 증거라고 만족해하면서 옆에 있던 주지 황백黃伯스님에게 묻기를 "강 위에 배가 몇 척 떠 있는가?"하고 물으니 주지 스님이 답하기를 "지금 두 척이 떠 있사옵니다"라고 답하니 안색을 흐리면서 "지금 바라보이는 것만 하여도 이 삼백 척은 될 법한데 어찌 두 척이라 하느냐"고 되물으니 "한 척은 명예가 세상에 널리 퍼지기를 갈망하는 배(명문名聞의 배)이고 또 한 척은 재물을 탐하는 배(이양利養의 배)이옵니다. 그뿐입니다."라고 답하였다고 한다. 향락과 자기 과시를 무척이나 좋아하던 휘종에게 하는 절묘한 충언이었다.

일본 차문화를 정립한 센리큐千利休의 거사호에 대한 이야기로도 유명하다. 사카이堺 지방 어물상의 아들로 태어난 센리큐의 어릴 때 이름은 요시로与四郎, 성인이 된 후로는 소에키宗易였으나 상업적 환경에서 자라고 평소에도 이해에 민감했던 점을 감안하여 "이해관계를 멀리하고 살라"는 뜻에서 스승인 고케이화상古溪和尙이 명리공휴名利共休에서 리利 와 휴休를 따 리큐利休라는 거사 호를 내려 주었다고 한다.

공명심과 경제적 이해득실을 배척하고 멀리하는 마음가짐은 차인이 반드시 감추어야 할 기본적 덕목이다.

목욕은 몸을 상쾌하게 하고, 차는 마음을 상쾌하게 한다.

A bath refreshes the body, tea refreshes the mind.

— 일본 속담

문화와 예술을 차와 함께하면, 그 모든 것의 가치가 높아진다.

If you mix tea with culture and art, you increase the value of all of them.

— 『Creative Loafing』, March 13, 2017

물은 차의 어머니고, 주전자는 차의 아버지이며, 불은 스승이다.

Water is the mother of tea, a teapot its father, and fire the teacher.

— 중국 속담

발티 사람과 처음에 함께 차를 마실 때는 이방인이다. 두 번째로 차를 마실 때는 영예로운 손님이고, 세 번째로 차를 마시면 가족이 된다. 가족을 위해서라면 우리는 무슨 일이든 할 수 있다. 죽음을 마다하지 않는다.

The first time you share tea with a Balti, you are a stranger. The second time you take tea, you are an honored guest. The third time you share a cup of tea, you become family, and for our family, we are prepared to do anything, even die.

— 파키스탄, 발티지방 속담

뻘건 화롯불 위에 돌솥의 끓는 물소리, 불과 물이 천지조화를 이뤄 그 뜻이 무궁하네.

石鼎湯初沸 風爐火發紅 坎离天地用 卽此意無窮

— 정몽주鄭夢周(1337~1392) 고려, 문신

본질적으로 약간 뜨거운 마실거리로 겨울이나 여름에 어울리는 이 음료는 건강에 이롭다는 사실이 판명되었다.

늙을 때까지 완벽한 건강을 지켜주는 음료이다. 특별한 효용은 다음과 같다.

* 몸을 활기 있고 튼튼하게 해준다.
* 두통, 현기증에서 오는 나른함을 완화한다.

* 비장의 폐쇄를 없앤다.
* 신장과 요도를 깨끗이 하고 결석과 요사尿砂에 효과가 있다. 설탕 대신 가열하지 않은 물에 꿀을 넣어 마시면 좋다.
* 호흡장애를 해소한다.
* 눈의 염증에 듣고 시력을 좋게한다.
* 권태감을 풀어주고, 성인의 체액에 있는 불순물을 세척하고 정화한다.
* 날것을 먹을 때 아주 좋다. 위병을 낫게 하며 식욕을 높이고 소화를 돕는다. 특히 비대한 사람이나 육류를 다식하는 사람에게 좋다.
* 악몽을 억제하고 뇌를 쉬게 하며 기억력을 강화한다.
* 한 잔만으로 과도한 수면을 막아주고, 졸음을 방지해 준다. 그러므로 신체에 해를 주지 않고 거뜬히 철야를 하거나 공부할 수 있다. 그 사이 위 입구를 따뜻하게 묶는다.
* 적당한 양의 찻잎을 우리면 오한, 과식으로 인한 불쾌감, 열을 예방하고 치료하며 그런 사이 아주 가벼운 구토나 피부호흡을 유발하여 훌륭한 효과를 본다.
* 우유를 넣어 마시면 내장기관을 튼튼하게 해주며, 체력소모를 방지하고 장의 통증을 크게 누그러뜨려 직장의 경련이나 설사를 완화해준다.
* 바르게 마시면 감기, 부종, 괴혈증에 효과가 있고

땀이나 오줌을 나오게 하여 피를 맑게 하여 병원균의 침입을 막는다.
* 가스로 인하여 생기는 결장의 모든 통증을 없애고 안전하게 담즙을 정화한다.

The Quality is moderately hot, proper for winter or summer.

The drink is declared to be most wholesome, preserving in perfect health untill extreme old age.

The particular vertues are these.

It maketh the body active and lusty.

It helpeth the head-ach, giddiness and heavyness thereof.

It removeth the obstructions of the spleen.

It is very good against the stone and gravel, cleansing the kidneys and unters, being drank with virgins honey instead of sugar.

It taketh away the difficulty of breathing, opening obstructions.

It is good against lipitude distillations and cleareth the sight.

It removeth lassitude, and cleanseth and purifieth adult humors and a hot liver.

It is good against crudities, strengthening the weakness of the ventricle of stomack, causing good appetite and digestion, and particularly for men of a corpulent body, and such as are great eaters of flesh.

It vanquisheth heavy dreams, easeth the brain, and

strengtheneth the memory.

It overcometh superfluous sleep, and prevents sleepiness in general, a draught of the infusion being taken, so that without trouble whole nights may be spent in study without hurt to the body, in that it moderately heateth and bindeth the mouth of the stomack.

It prevents and cures agues, surfets and feavers, by infusing a fit quantity of the leaf, thereby provoking a most gentle vomit and breathig of the pores, and hath been given with wonderful success.

It (being prepared and drank with milk and water) strengtheneth the inward parts, and prevents consumptions, and powerfully asswageth the pains of the bowels, or griping of the guts and looseness.

It is good for colds, dropsies and scurveys, if properly infused, purging the blood by sweat and urine and expelleth infection.

It drives away all pains in the collick proceeding from wind, and purgeth safely the gall.

— 토마스 가웨이|Thomas Garway(1632~1704)
영국 최초 차 상인, 차 광고문에서

영국 최초의 차 소매상인 토마스 가웨이는 참으로 대담한 명물 상인이었다. 어떤 사회적 배경이나 의학 지식도 없던 상인의

신분으로 그는 근대적인 방법인 광고를 고안하여 영국 최초로 차
를 널리 홍보한 인물이 되었다. 위의 글은 그때 광고지에 실린 글
귀 중의 일부이다.

불멸자여, 들어라, 조브가 말했다. 술 따르기를 멈춰라! 평화가 전쟁을 계승하듯이 차가 와인을 계승해야 한다. 포도로 사람을 위기에 처하게 하지 말고, 신의 과즙인 차를 함께 나누어라.

Immortals, hear, said Jove, and cease to jar! Tea must succeed to Wine as Peace to War. Nor by the grape let man be set at odds, But share in Tea, the nectar of the Gods.

— 피터 안서니 모떼Peter Anthony Motteux(1663~1718) 영국, 극작가

사람이 차를 마시지 않으면 진리와 아름다움을 이해하지 못한다.

If man has no tea in him, he is incapable of understanding truth and beauty.

— 일본 속담

사랑과 스캔들은 차의 가장 좋은 감미료가 된다.

Love and scandal are the best sweeteners of tea.

— 헨리 필딩Henry Fielding(1707~1754) 영국, 극작가

삶은 한 잔의 차와 같다. 인생도 차도 어떻게 우려내느냐에 따라 맛이 달라진다.

Life is like a cup of tea, it's all in how you make it.

— 아일랜드 속담

새롭게 등장한 중요 상품인 차와 커피는 산 과다증 치료의 만능 약이자 혈액 정화제이다.

Newly important novelties, tea and coffee, as panaceas for acidity and blood purifiers.

— 스테판 블랑카트Stephan Blankaart(1650~1704)
네덜란드, 의사 겸 물리학자

생명의 마실거리 만세!

Hail, Drink of life!

— 피터 안서니 모떼Peter Anthony Motteux(1663~1718) 영국, 극작가

선禪을 수행하는 사람들에게 물어보면 차는 다른 술처럼 무심코 따르는 것이 아니라고 말할 것입니다. 차는 음료가 아니라 명상입니다. 차는 기도입니다. 그래서 수행자들은 멜로디를 만드는 찻주전자에 귀를 기울이고, 듣기 위해서 더 조용해지고 더 깨어있게 됩니다.

If you ask Zen people they will say tea is not something that you pour with unawareness and drink like any other drink. It is not a drink, it is meditation; it is prayer. So they listen to the kettle creating a melody, and in that listening they become more silent, more alert.

— 라즈니쉬Rajneesh(1931~1990) 인도, 신비주의자

세상이 지옥이 될지라도 나는 항상 기꺼이 차를 마시겠다.

I say let the world go to hell, but I should always have my tea.

— 표도르 도스토옙스키Fyodor Dotoyevsky(1821~1881) 러시아, 작가

소중한 의식의 장식물로써, 차는 겨울의 냉기를 막아주는 부적이자 일상의 지루함에서 벗어나게 하는 휴식이다.

— 사라 에글러Sarah Egler(1880~1961) 미국, 작가

솔숲 맑은 바람 다관에 우려내면 찻잔에 어느새 푸른 하늘 담긴다.

— 박남준朴南濬(1957~) 한국, 시인

솔직히 말해서 아마겟돈과 차, 둘 중에서 선택하라고 했을 때, '어떤 차?'라고 물으면 안 된다.

Honestly, if you're given the choice between Armageddon or tea, you don't say 'What kind of tea?'

— 닐 게이먼Neil Richard Gaiman(1960~) 영국, 작가

아마겟돈이란 요한계시록 16장에 의하면 악마가 거느린 지상의 왕과 신이 벌이는 최후의 결전장소나 결정적인 전투 및 충돌이 벌어지는 상황을 말할때 사용하는 말이다. 일반적으로는 지구종말에 펼쳐지는 선과 악의 대결, 지구 종말을 초래할듯한 대전쟁이나 대환란을 의미한다.

1998년에 개봉한 마이클 베이Michael Bay 감독의 SF영화로 '아마겟돈'이라는 말이 널리 알려지게 되었다.

솥 안의 감칠 맛 나는 차가 황금을 천하게 여긴다.

鼎中甘茗黃金賤

— 김시습金時習(1435~1493) 조선, 문인 겸 학자

솥에는 녹차 달이고, 향로에는 안식향을 사르누나, 껄껄, 그곳에서 참 진리를 찾네

鐺中煎綠茗 爐上燒安息 呵呵呵 其處求知識

— 진각眞覺(1178~1234) 고려, 승려

순수하고 감미롭고 온화한 차는 감정을 격앙시키지 않고, 혈관 속의 피를 활기차게 하고, 감각을 세련시키고, 두뇌를 교화시킨다.

Sweet innocent mild tea give no offense it makes the blood run sporting in the veins, refines each sense, and rectifies the brains.

— 던컨 캠벨Duncan Campbell(1952~) 영국, 저널리스트

술보다 차의 맑음은 꿈속에 노닐게 하고, 향 피운 듯한 운치는 시경으로 이끈다.

清於烹酒初回夢 韻似燒香半入詩

— 이상적李尚迪(1803~1865) 조선, 문인

슬픈 일이다. 서양에서 차 마시는 예술을 파괴한 작은 주머니를 발명한 것은 미국인이다.

Atlas, it was a Yankee who invented the pouch that ruined the art of tea drinking in the west.

— 비트리스 호헤네거Beastrice Hohenegger, 이탈리아, 작가

티 백Tea bag을 두고 한 말이다. 티 백을 고안 한 사람은 영국인 스미스A. V. Smith라는 사람으로 한 스푼의 차를 거즈에 담아 네모를 모아 실로 상단부를 묶은 것으로 1896년에 특허를 받기도 하였는데 이것이 티 백의 원형이다. 그러나 정작 상용화한 것은 20세기 초 미국 뉴욕의 차 도매상이던 토머스 설리반Thomas Sullivan이었다. 그는 차 시제품이 나오면 그때마다 양철로 된 통에 넣어 여러 판매상에게 보냈었는데 1908년의 어느 날 비용 절감을 위해서 한 스푼씩 찻잎을 작은 비단 주머니에 담아서 각각 넣어 보내 보았더니 의외로 고객의 주문이 쇄도하게 되었다. 그도 그럴 것이 보내온 주머니 그대로 뜨거운 물에 우려 마실 수 있었고 마시고 나면 구차스러운 뒷 마무리도 생략되었기 때문이다. 훗날 차 음료 보급의 열쇠가 되었던 편의성을 높이는 데 획기적으로 이바지한 발명품이 된 것이다. 그러나 자리 잡기까지는 수다한 난관도 따랐다. 기왕에 길든 차의 미감에 대한 향취를 잊을 수 없었고, 다관 속에서 찻잎이 연출하는 "고투苦鬪, agonize" 와 같은 공간적 여흥을 즐길 수 없게 된 점, 종이 포장 백이 주는 이질감, 백 제조 때의 표백제 사용, 포장지 안에 든 차의 품질에 대한 불신 등이다. 과학의 진보와 더불어 이러한 여러 가지 불신은 사라지고 지금은 세계 차시장의 약 90%를 점하는 대세가 되었다.

스님의 스스로 높은 뜻은 오로지 차를 마시기 때문이리라

僧格所自高 唯是茗飮耳

— 이규보李奎報(1168~1241) 고려, 문신 겸 학자

쓰쿠바이蹲踞에 떨어지는 물소리를 들을 때면, 마음의 먼지가 모두 씻겨 내리는 것을 느낄 것이다.

つくばいに落ちる水の音を聞くとき, 心の塵がすべて洗い流されるのを感ずるだろう.

— 센리큐千利休(1522~1591) 일본, 차인

쓰쿠바이蹲踞는 일본 다실에 들어가기에 앞서서 손을 씻고 입을 깨끗이 헹구는 곳을 말한다. 돌로 만들어졌고 바위틈 사이

일본 사찰에 있는 쓰쿠바이

에서 흐르는 물을 받아서 사용한다. 산사山寺에서 하던 풍습을 본받은 것이다. 차실 입구에 가까운 내로지內露地에 있으며 언제나 맑은 물이 흘러내린다. 차실에서는 쓰쿠바이에서 흘러내리는 은은한 낙수 소리를 통해서 다도의 운치를 더하게 된다.

시간이 이른 아침이라면 첫 번째 할 일은 차를 끓이는 것이다. 차는 움츠린 영혼을 북돋워 주는 가장 탁월한 약이다. 그리고 나서 우리는 다양한 임무를 시작한다.

— 제인 오스틴Jane Austen(1775~1817) 영국, 작가

시골의 차 전문가가 센리큐에게 차 도구를 사달라는 부탁을 했다. 센리큐는 돈을 모두 흰 천을 사는 데 쓰며 '차와 함께라면 좋은 다구가 없어도 깨끗한 천만 있으면 차를 마실 수 있다'고 답했다.

A practitioner of tea in the countryside sent some hold to Rikyu with a request that he purchase for him a tea utensil of any kind. Rikyu spent the entire amount of money on white cloth, sending it with the comment, 'With tea, even when one has no nice utensils, if only one has clean cloth for wiping the bowl, it is possible to drink tea.

— 센소탄千宗旦(1578~1658) 일본, 차인, 센케 제3세

시신詩神 뮤즈의 벗, 차는 우리들의 상상을 돕고,
머릿속에 침입한 헛된 생각을 억제하고,
영혼의 궁전을 평안하게 지키네.

The Muse's friend, tea does our fancy aid,

repress those vapours which the head invade,

And keep the palace of the soul serene.

— 에드먼드 월러Edmund Waller(1606~1687) 영국, 정치인 겸 작가

식물의 여왕을 칭송하자. 휴식을 찬양하자!
그대의 미묘한 힘을 어찌 다 말 할 수 있으리오?
젊은이의 끓어오르는 격정과 열사병을 모두 진정시키는
늙은이의 얼어붙은 혈관에 생명을 불어넣는
그대, 경이로운 만병통치약이여!

Hail queen of plants, pride of elysian bowers!

how shell we speak thy complicated powers?

thou wondrous panacea to assuage

the calenture of youths fermenting rage.

and animate the freezing vein of age

— 니콜라스 브래디Nicholas Brady(1659~1726) 영국, 작가

『신농식경神農食經』에 이르기를 차를 오래 마시면 사람에게 힘이 나게 하고 마음이 즐거워진다고 하였다.

『神農食經』茶茗久服 令人有力悅志

— 육우陸羽(733~804) 당나라, 문인

아이보리색의 자기에 담긴 호박색을 한 액체를 보면 초심자도 공자의 향기로운 침묵과 노자의 신랄한 풍자 그리고 석가모니의 영묘한 향기를 접하게 될 것이다.

In the liquid amber within the ivory porcelain, the initiated may touch the sweet reticence of Confucius, the piquancy of Laotse, and the ethereal aroma of Sakyamuni himself.

— 오카쿠라 가쿠조岡倉覺三(1863~1913) 일본, 작가 겸 평론가

아주 엄격한 법률이나 아주 능숙한 크리스트교 변사의 열변, 또는 가장 좋은 도덕론보다도 차가 국민의 절제에 공헌하고 있는 것은 부정할 수 없을 것이다.

It cannot be denied that is has contributed more to the sobriety of the nation than the severest law, the most eloquent harangues of Christian orators, or the best treatises of morality.

— 앨런 맥팔레인Aran MacFarlane(1941~) 영국, 인류학자
— 아이리스 맥팔레인Iris Macfarlane(1922~2007) 앨런의 어머니, 작가

아침에 차를 마시면 온종일 위풍당당하고, 정오에 차를 마시면 일이 즐겁고, 저녁에 차를 마시면 정신이 들고 피로가 가신다.

早茶一盅, 一天威風; 午茶一盅, 勞動輕鬆; 晚茶一盅 提神去痛

— 중국 속담

안으로 들어오세요…. 차와 다과가 세상을 더 나은 곳으로 만들 수 있는지 알아보시죠.

Come along inside… We'll see if tea and buns can make the world a better place.

— 케네스 그레이엄Kenneth Grahame(1859~1932) 영국, 작가

앉게나, 차를 내오너라, 편히 앉으시지요. 차를 잘해서 올려라, 상석에 앉으시지요, 향기로운 좋은 차를 올려라.

坐 茶, 請坐 敬茶, 請上坐 敬香茶

— 소식蘇軾(1037~1101) 송나라, 문장가

소식이 지방 장관 시절에 틈틈이 고찰을 찾아 승려들과 많은 교분을 했는데 어느 날 한 사찰을 찾았다가 있었던 이야기이다.

주지 스님은 상대가 누구인지도 모르고 소식을 대하자 첫 마디가 "앉게나坐"라고 말하면서 사미승에게 "차를 내오너라"하고

나서 몇 마디 이야기를 나누면서 보통 인물이 아님을 직감하고 "편히 앉으시지요請坐"라하고 사미승에게는 "차를 잘 올려라敬茶" 하고 나서 성함을 물었더니 소식蘇東坡라고 말하자 깜짝 놀라 "상석에 앉으시지요請上坐"하고는 사미승에게는 곧바로 "향기로운 좋은 차를 올려라敬香茶"라고 고쳐 말했었다고 한다. 헤어지기에 앞서 스님이 시 한 수를 부탁하자 소식은 서슴없이 위와 같은 「차여좌茶與坐」 연구를 써 주었다고 하는 일화가 있다.

어느 예능이나 어설프다는 말을 들어야 한다.

いずれの藝も下手の名をとるべし

— 다케노 조오武野紹鷗(1502~1555) 일본, 차인

어떻게 찻주전자가 고독의 편안함과 동아리의 즐거움을 함께 누릴 수 있게 하는지 신기한 일이다.

Strange how a Teapot can Represent at the Same Time the comforts of solitude and the Pleasures of company.

— 작자 미상

어젯밤에 뜬 보름달은 참으로 빛났다.
그 달을 떠서 찻잔에 담고, 은하수 국자로 찻물을 떠,
차 한잔에 명상한다.

— 초의草衣(1786~1866) 조선, 승려

여신女神 뮤즈의 벗인 차는 우리의 환상적인 조력자이다.

The muse's friend, tea does our fancy aid.

— 에드먼드 월러Edmund Waller(1606~1687) 영국, 정치인 겸 작가

연구에 의하면, 찻잎에 함유된 다가페놀류 물질과 리포다당류와 비타민 C의 총합작용으로 인체의 소화기관 중에 침입한 방사선, 물질인 스트론튬 90의 흡수가 가능하여 골수 중에 침입한 스트론튬 90으로부터 신속하게 밖으로 치환 배출할 수 있다고 한다. 따라서 조혈작용의 개선, 백혈구량의 증가, 항 발염, 항 내출혈 등에도 일정한 효과가 있다. 현재 중국의 방사성 물질연구와 방사선 치료를 하는 기관에서는 차를 노동 보험상 필수품으로 보고 있다. 찻잎을 "원자력 시대의 마실거리"로 부르는 것은 이 때문이다.

研究によると,茶葉中の多價フェノール類物質とリポ多糖類およびビタミンCの總合作用により, 人體の消化器官中に浸入した放射性物質ストロンチウム90を吸收することが可能で, 骨髓中

に侵入したストロンチウム90すら迅速に對外に置換排出できるという．同時に，造血作用の改善，白血球量の增加，抗發炎，抗內出血などにも一定の效果がある．現在，中國の放射性物質研究および放射能治療を行う機關では，茶を勞動保險上の必需品とみなしている．茶葉が「原子力時代の飲料」と呼ばれるのはこのためである．

— 공상림孔祥林(1951~) 중국, 공자연구학자, 공자75대손

영국에서는 차 한 잔이 모든 문제의 해답이다.

In Britain, a cup of tea is the answer to every problem.

— 데이비드 윌리엄스David Williams(1971~) 영국, 배우

영국이 산업 발상지로 적합했던 이유는 여러 가지가 있다. 예컨대 과학의 전통, 프로테스탄트 노동윤리, 종교적 관용, 풍부한 석탄 자원, 효율적인 수송을 가능하게 한 도로와 교통망, 자국 기업가에게 융자하기 위한 자금을 갖춘 제국주의적 과실 등이다. 물론 영국인이 차를 유별나게 좋아했던 것도 이유 중의 하나이다. 차는 새로 탄생한 공업도시에 있어서 병의 만연을 방지하고, 장시간의 노동 중에 노동자의 공복감을 없애는 역할도 했다. 차는 초기 공장 노동자들의 에너지원이었다. 당시의 공장에서는 기계는 수증기를, 사람은 탕기湯

氣가 떠오르는 마실거리를 동력원으로 한 것이다.

There are many reasons why Britain was well placed to be the cradle of industry : its scientific tradition, the Protestant work ethic, an unusually high

degree of religious tolerance, ample supplies of coal, efficient transportation networks of roads and canals, and the fruits of empire, which provided the funds to bankroll British entrepreneurs. But the uniquely British love of tea also played its part, keeping disease at bay in the new industrial cities and fending off hunger during long shifts. Tea was the drink that fueled the workers in the first factories, places where both men and machines were, in their own ways, steam powered.

― 톰 스탠디지Tom Standage(1969~) 영국, 작가 겸 저널리스트

옛날 중국과 일본의 저술가는 차의 미덕에 대하여 많은 것을 칭송해 왔다. 그중에서 몇 가지를 보면, 각성을 촉진하고, 금주에 효과가 있으며, "여섯 가지 정념情念보다 위에 있으며" 육체가 지녀 내려온 모든 병의 특효약으로 차 자체가 하나의 약상자와 같다고 말했었다.

Early Chinese and Japanese writers celebrates many of tea' s virtues not the least among which were that it promoted wakefulness that the made for sobriety: that it "superimposed the six passions" : and that it was in itself a complete medicine chest, because it was a specific for practically all the ills that fresh is heir to.

— 윌리엄 H. 우커스William H. Ukers(1873~1945)
미국, 작가 겸 저널리스트

예로부터 성현들이 모두 차를 사랑하니, 차는 군자와 같아 그 본성이 사악함이 없음이다.

古來賢聖俱愛茶　茶如君子性無邪

— 초의草衣(1786~1866) 조선, 승려

오늘 아침의 차는 어제를 멀리 잊게 한다.

This morning's tea makes yesterday distant.

— 작자 미상

오래 앉아 피곤한 긴긴밤, 차 끓이며 무궁한 은혜 느낀다. 한 잔 차로 어두운 마음 물리치니 뼈에 사무치는 모든 청한 시름 스러진다.

久坐成勞永夜中 烹茶偏感惠無窮 一盃卷却昏雲盡 徹骨淸寒萬慮.

— 진각眞覺(1178~1234) 고려, 승려

오미五味라 함은, 신맛酸味은 감자, 감귤, 유자 등이다. 매운맛辛味은 생강, 후추, 생강 등이다. 단맛甘味은 설탕 등이다. --- 쓴맛苦味은 차와 청목향 등이다. 짠맛鹹味은 소금 등이다. 심장은 오장 중의 군자이다. 차는 쓴맛의 으뜸이다. 쓴맛은 이들 여러 가지 맛의 으뜸이다. 그리하여 심장은 그 맛을 좋아한다. 그러므로 심장이 건강하면 오장을 두루 편하게 한다.

五味とは, 酸味は柑子,橘,柚等なり.辛味は姜,胡椒,高良薑等なり.甘味は砂糖等なり. --- 苦味は茶,青木香等なり.鹹味は鹽等なり.心臓は是れ五臓の君子なり.茶は是れ苦味の上首なり.苦味は是れ諸味の上首なり.是に因つて心臓,此の味を愛す.心臓興るときは,則ち諸臓を安んずるなり.

— 에이사이榮西(1141~1215) 일본, 승려

오후의 노을은 죽림에 빛나고, 분수는 기뻐 즐겁게 소리를 내며, 다관에서는 솔바람 소리 들려온다.

The afternoon glow is brightening the bamboos, the fountains are bubbling with delight, the soughing of the pines is heard in our kettle.

— 오카쿠라 가쿠조岡倉覺三(1863~1913) 일본, 작가 겸 평론가

옥화차 한 잔 기울이니 바람이 겨드랑이에 일어 몸 가
벼워져서 상청의 경계를 노니네, 밝은 달은 촛불 되고 또
나의 벗이 되니 흰 구름은 자리 펴고 병풍을 치는구나

一傾玉花風生腋　身輕已涉上淸境　明月爲燭兼爲友　白雲鋪席
因作屛

— 초의草衣(1786~1866) 조선, 승려

우리가 명상하려고 앉으려고 할 때, 우리의 마음은 종
종 깊은 곳에서 일어나고, 깊은 곳으로 흘러 들어가는
수많은 생각에 압도된다. 이를 위해 침묵 속으로 더 나
아가기 전에 마음을 삼매三昧에 집중시키기 위해 다양한
호흡 훈련이 개발되었다. 다도는 이 목적을 달성할 수
있다. 찻물을 따르고 마실 때 각 다구에 마음을 담고,
논쟁적 생각이 차의 정신을 흐리지 않도록 할 수 있기
때문이다.

When we try to sit for meditation, our minds are often
overwhelmed by innumerable thoughts arising from and
passing into the depths. For this various breathing exercises
were developed to focus the mind in Samadhi before traveling
further into silence. The Way of Tea can also achieve this end,
for as we pour water and drink we can bring mindfulness to
each utensil so that discursive thoughts don't cloud our liquor.

— 피셔A. D. Fisher, 영국, 역사학자

우리가 차를 마실 때는 평온으로 가는 중입니다.

We sip tea, we are on our way to serenity.

— 알렉산드라 스토다드Alexandra Stoddard(1941~)
미국, 작가 겸 디자이너

우리는 기능적 문맹이나 부서진 취약성의 창에서 살아남을 수는 있지만, 좋은 차 한 잔의 죽음에서는 살아남을 수 없습니다.

We can survive functional illiteracy or shattered windows of vulnerability, but not the demise of The Decent Cup of Tea.

— 맥 매코믹Mack McCormick(1930~2015) 미국, 민속학자

우리와 함께하는 차는 마시는 형태의 문명 이상이 되었다. 그것은 삶의 예술인 종교이다.

Tea with us became more than an idealization of the form of drinking, it is a religion of the art of life.

— 오카쿠라 가쿠조岡倉覺三(1863~1913) 일본, 작가 겸 평론가

우아한 풍미와 향 때문에 차를 마시는 것이지 그에게 기력을 돋거나 편안함을 안겨 준다거나 하는 성질의 것은 2차적인 요인이다.

The connoisseur drinks tea for its delicate flavour and aroma and for him the stimulating and comforting qualities are secondary factors.

— 할러Harler, 미국, 작가

운산과 화월이 길이 짝하며
시주와 향차로 근심 지우네
촛불 돋우어 밤차 마시니 맑은 밤 깊어가고
근심 사라지니 짧은 밤새도록 노닌다네

雲山花月長爲伴　詩酒香茶自買憂
剪燭夜飮淸夜永　銷沈宵短繼宵遊

— 김시습金時習(1435~1493) 조선, 문인 겸 학자

육우는 차의 은혜에서 만물을 지배하는 것과 똑같은 조화와 질서를 보았다. 그는 차 최초의 신봉자가 되었다. 『다경茶經』에 의해서 그는 지지자들에게 「차 연구서」, 또는 속되게 말하는 「차의 성전」, 「차의 고전」을 갖게 하였다. 또한 그는 차의 규범을 정한 최초의 사람이기도 하다.

Lu Yu saw in the tea service the same harmony and order that rule in all things. He became the first apostle of tea. Ch'a Ching he gave his patrons the Tea Memoir, or as it is sometimes called, the Tea Scripture or Tea Classic. He was the first to formulate a code of Tea.

— 윌리엄 H. 우커스William H. Ukers(1873~1945)
미국, 작가 겸 저널리스트

상하이 자베이공원에 있는 육우의 좌상

육우에 있어 차를 마시는 것은 우주의 조화와 신비성을 상징하는 것이다.

To Lu Yu, tea drinking was emblematic of the harmony and mystical unity of the universe.

— 베넷 앨런 와인버그Bennet Alan Weinberg, 미국, 의료분야 전문작가
— 보니 K. 빌러Bonnie K. Bealer, 인류분야 전문작가

이건 감로다, 왜 차라 부르는가?

— 도홍경陶弘景(452~536) 양나라, 학자

이 삶의 거의 모든 것과 마찬가지로, 이야기를 하는 것은 항상 차 한 잔으로 더 쉬워졌습니다.

The telling of a story, like virtually everything in this life, was always made all the the easier by a cup of tea.

— 시드니 스미스Sydney Smith(1771~1845) 영국, 작가 겸 성직자

이시진李時珍은 차의 효능에 대하여 다음과 같이 말하고 있다. 차는 "소화를 촉진하고 지방을 분해하며 소화 기계 독소를 무해화하고, 설사나 폐병의 치료, 해열, 전간癲癇의 치료에 효과가 있다. 또한 차는 상처를 깨끗이 씻어주는 좋은 수렴제收斂劑로 여겨져서 눈이나 입 안을

씻어 내는 데도 적합하다"

Li Shih-Chen attributed to tea the power to promote digestion, dissolve fats, neutralize poisons in the digestive system, cure dysentery, fight lung disease, lower fevers, and treat epilepsy. Tea was also thought to be an effective astringent for cleaning sores and recommended for washing the eyes and mouth.

— 베넷 앨런 와인버그Bennet Alan Weinberg, 미국, 의료분야 전문작가
— 보니 K. 빌러Bonnie K. Bealer, 인류분야 전문작가

이 식물에 필적할 만한 것은 아무것도 없다. 그것을 마시는 사람은 다만, 마셨다는 이유만으로도 모든 병에서 벗어나 아주 오래 살 수 있다. 몸에 정력이 솟을 뿐 아니라 결석, 담석, 두통, 감기, 눈병, 비염, 천식, 위와 장기에서 오는 병을 예방한다.

Nothing is comparable to this plant. those who use it are it are for that reason, alone, exempt from all maladies and rich an extreme old age. Not only does it procure great vigor for their bodies, but it preserves them from gravel and gallstone, headaches, cold, ophthalmia, catarrh, asthma, sluggishness of the stomach

— 니콜라스 덕스Nicholas Dirx(1593~1674) 네덜란드, 의사

이 위대한 식물이 성장하는 과정은 진리가 진보하는 과정과 유사하다; 용기를 내서 차를 마시고, 바로 입맛에 맞았지만, 처음에는 회의적이었던 사람들; 차가 도입되었을 때 저항했던 사람들; 차의 유행이 확산할 때 차를 과도하게 마신 사람들; 결국 오랜 시간 동안의 부단한 노력과 차 자체의 미덕 덕분에, 왕궁에서 오두막까지 온 나라, 온 국민이 기뻐하는 차의 승리가 완성되었다.

The progress of the famous plant has been something like the progress of truth; suspected at first, though very palatable to those who had the courage to taste it; resisted as it encroached; abused as its popularity seemed to spread; and established in its triumph at last, in cheering the whole land from the palace to the cottage, only by the slow and restless efforts of time and its own virtues.

— 아이작 디즈레일리Isaac D'Israeli(1766~1848) 영국, 작가 겸 학자

영국 조지 왕조 말엽, 제40대 수상 벤자민 디즈레일리의 아버지인 문필가 아이작 디즈레일리가 유럽의 차문화 발달과정을 간명하게 요약해서 평한 글이다.

아시아로부터 유럽으로 차가 알려질 무렵인 1641년 니콜라스 툴프Nicholas Tulp는 약으로서의 차의 효능을 주장한 데 대하여 차를 "이국의 악마Foreign Devil" 또는 "세기의 바보 상품The impertinent novelty of the century"으로 냉대한 사람도 많았는데 그 단적인 예로 1646년 프랑스인 의사 기 패탄Guy Patin은 차는

아이작 디즈레일리의 초상화

인간의 지력을 떨어뜨린다는 논문을 발표한 데 이어 1665년에는 독일인 의사 시몬 파울리Simon Pauli는 서양인에게는 맞지 않으며 특히 40세를 넘긴 사람이 마시면 죽음을 앞당긴다고 주장하기도 하였으나 점차 약재로 인정되기 시작하면서 의사나 박물학자, 성직자들의 관심을 끌게 되고 특히 네덜란드인 콜네리우스 데커Cornelius Decker는 1683년에 차의 탁월한 효능을 발표하여 차의 유행을 획기적으로 부추겼다. 분석화학의 발달은 과학적인 면에서 이를 뒷받침하였다. 이 지음 영국에서는 산업혁명의 진전에 편승한 차 인구의 폭발적인 증가는 가격을 상승시키고 수요가 급

증하면서 불량차가 암거래되는 반면 청나라와의 무역 수지 적자
가 심화하자 이를 탈피하려고 아편전쟁Opium war을 유발하여 무
역수지 개선과 침략야욕을 극대화하고 인도에 농원plantation을
개발하여 자급자족의 길을 개척하고 한편으로는 식민지 미국에
대한 차세茶稅에 저항하는 보스턴 티 파티Boston Tea Party 사건
이 발생하여 뜻밖에도 미국 독립운동의 근인近因이 되기도 하였
다. 이 밖에도 차는 수많은 역경과 모진 시련을 극복하면서 "이국
의 악마"가 아닌 친근한 벗이 되어 세계인의 사랑받는 지혜로운
음료로 뿌리내리게 된 것이다. 진리가 승리한다는 삶의 이치와
닮았다는 말이 나온 까닭이다.

**인생에 있어서 여러 가지로 좋은 것처럼 음차가 남용
되고 있는 것인지도 모르겠다. 실제 알칼로이드에 대하
여 특이한 감수성을 가진 사람들은 차, 커피, 코코아의
이용을 삼가야 한다. 일반적으로 말하면 어린이에게는
이들 마실거리는 필요하지 않다.**

Like all good things in life tea-drinking may be abused.
Indeed, those having an idiosyncratic susceptibility to alkaloids
should be temperate in the use of tea, coffee, cocoa. Generally
speaking, Children do not require them.

— 톰 스탠디지Tom Standage(1969~) 영국, 작가 겸 저널리스트

인생은 음미해야 한다. 한 잔의 차처럼 조금씩.

— 작자 미상

인생은 차를 만드는 것과 같다⋯. 자아를 끓여버리고, 걱정을 증발시키고, 슬픔을 희석하고, 실수를 걸러내고 행복을 맛본다.

Life is like making tea⋯. Boil your ego, Evaporate your worries, Dilute your sorrows, filter your mistakes, and get a taste of happiness.

— 작자 미상

인생은 차 한 잔과 같다. 우리가 더 진심으로 차를 마실수록 더 빨리 끝에 도달한다.

Life is a cup of tea; the more heartily we drink the sooner we reach the dregs.

— 제임스 매튜 배리James Matthew Barrie(1860~1937) 영국, 작가

인생은 차 한 잔과 같아서 모든 것은 만드는 당신이 어떻게 하느냐에 달려 있다.

Life is like a cup of tea, it's all in how you make it.

— 작자 미상

인생은 커피나 차 한 잔과 같다. 아무리 씁쓸해도 항상 즐겁다.

Life is like a cup of coffee or tea. No matter how bitter it may be, it is always enjoyable.

— 제이슨 웡Jason Wong(1986~) 영국, 배우

인생의 적절하고 현명한 균형은 특별한 시간에 즐기는 차 한 잔의 실현 가능성에 달려 있다.

The proper, wise balancing of one's whole life may depend upon the feasibility of a cup of tea at an unusual hour.

— 아놀드 베넷Arnold Bennett(1867~1931) 영국, 작가

일기일회

一期一會

— 센리큐千利休(1522~1591) 일본, 차인

일기一期는 불교에서 자주 쓰이는 말로 태어나서부터 죽음에 이르기까지 한평생을, 일회一會는 한 번의 만남을 뜻한다. 즉 "일기일회"는 평생에 단 한 번의 만남이라는 말이다. 차를 행함에 있어 주객主客 모두가 한평생 처음이자 마지막 만남이라는 소중하고도 간절한 마음가짐으로 성심껏 행하여야 한다는 것이다. 진나라東晉 문신 원언백袁彦伯의 시문에서 "현군賢君과 명신名臣의 만남이 쉽지

않다는 것을 비유해서 만세일기천재일회萬歲一期千載一會라 한데서 어원을 찾을 수 있다. 다도에 쓰이기는 일본 다도를 정립시킨 센리큐千利休 부터서이다. 센리큐 사후에 그의 수제자인 야마우에소지山上宗二(1544~1590)가 스승의 가르침을 모아 정리한『야마우에소지기山上宗二記』에 기인하나 센리큐의 일기일회 사상을 다도의 기본 이념으로 정착시킨 것은 이이나오스케井伊直弼(1815~1860)가 저술한『다탕일회집茶湯一會集』에서부터이다.

우리나라에서는 법정스님法頂(1932~2010)이 법문집 "일기일회"에서 생전에 인연의 중요성을 강조하기 위해서 다음과 같이 말하였었다. "한번 지나간 시간은 다시 오지 않는다. 그때그때 감사하게 누릴 수 있어야 한다. 다음은 기약할 수 없다. 모든 것이 일기일회다."

영미권에서는 once in a lifetime meeting으로 표기한다.

[일본의] 다회는 교향곡과 같다. 그것의 여러 목소리는 강력한 불협화음을 포용할 수 있는 하모니로 혼합되어 연주 과정에서 해결되거나 해결되지 않은 채로 남기도 한다.

Cha-no-yu therefore is like a symphony. Its multiple voices blend in harmonies that may embrace strong dissonances, to be resolved, or left unresolved, in the course of the performance.

— 윌리엄 맥닐William Hardy McNeill(1917~2016)
미국, 역사학자 겸 작가

자, 차를 마시며 행복한 이야기를 계속합시다.

Come, let us have some tea and continue to talk about happy things.

— 차임 포톡Chaim Potok(1929~2002) 미국, 작가

작은 잔에 찻물 따르니
탕 위에 거품 어이 가득 뜨는고
구슬처럼 흩어진 둥근 빛은
하나하나 모두 부처님이시라네
덧없는 인생 금방 지나버리는데
중생은 사물에 눈이 팔려 멍하다네
차 마시면 손과 눈 열려서
머리털도 구분할 수 있다네
깨달음에 이르면 함께 인정하고
참선할 때는 나쁜 생각 떨치네
누가 스승이고 누가 선생인가
나도 없고 또한 사물도 없다네
항하의 모래알 같은 흐릿한 중생들
구하려 멱목 부르지 않아도 되네
탕의 거품은 한 기운으로 변하고
공과 색은 조각달 안에 있다네
삼생이 금속 안에 비치니
좌망 위해 어찌 마음 가다듬으리

온갖 인연 참된 것 없으리니
어찌 기쁨과 만족을 자랑하리
『다경』이 전함은 육우의 등불이요
노동이 읊은 다시는 바릿대라네

小盌把茶水	千漚何湯發
圓光散如珠	一珠一尊佛
浮生彈指頃	千億身悅惚
如是開手眼	如是分毛髮
悟處齋點頭	參時同竪拂
誰師而誰衆	無我亦無物
茫茫恒河沙	普渡非喚茂
泡花幻一噓	空色湛片月
三生金粟影	坐忘何兀兀
萬緣了非眞	焉喜焉足喝
經傳陸羽燈	詩呪玉川鉢

— 이상적李尙迪(1803~1865) 조선, 문인

저는 차 음료가 얼마나 다재다능하고 훌륭한지 세상
에 보여주는 임무를 맡고 있습니다.

I'm on a mission to show the world just how versatile and
wonderful the beverage of tea truly is.

— 루 앤 판눈치오Lu Ann Pannunzio, 캐나다, 작가

저에게 차는 훌륭한 주제 중 하나입니다.
그것은 낭만적인 거래이며,
과도하게 오염되지 않으며,
다양한 이점으로 건강에 좋으며,
당신을 진정시키고 깨웁니다.

Tea, for me, is one of the great subjects.

It is a romatic trade, it does not pollute excessively,

it has all sorts of health benefits, it calms and wakes you up at

the same time.

— 알렉산더 맥콜 스미스Alexander McCall Smith(1948~)
영국, 법학자 겸 작가

점다點茶의 일거수일투족이 바로 선행禪行이며 자성自性을 찾는 길이다. 이런 가운데서 차의 분위기도 차의 맛도 더욱 은은해지며 차선茶禪의 경지는 일치되는 것이다.

— 김운학金雲學(1934~1981) 한국, 불교학자

조그만 집에 금귤밭이 있어, 옥천 명차를 다리니 내 생애 이것으로 족하구나. 그대는 산골짝 신선이로다.

小屋園金橘 名茶烹玉川 生涯此亦足 君是峽中仙.

— 정철鄭徹(1536~1594) 조선, 문신

좋은 차, 매혹적인 대상, 그리고 느긋한 분위기의 조화는 타고난 기질과 현대 생활의 스트레스를 씻어 내는 치료효과가 있다. 차는 정신적으로 상쾌한 기분이 들게 하고 마음을 평온하게 한다.

A combination of fine tea, enchanting objects and soothing surroundings exerts a therapeutic effect by washing away the corrosive strains and stress of modern life--- [it] induced a mood that is spiritually refreshing-- [and produces] a genial state of mind.

— 존 블로펠드John Eaton Calthorpe Blofeld(1913~1987) 영국, 작가=

좋은 차 한 잔.

A nice cup of tea.

— 조지 오웰George Orwell(1903~1950) 영국, 작가 겸 저널리스트

좋은 차 한 잔으로 해소할 수 없는 그토록 엄청나고 진지한 고민이란 없다.

There is no trouble so great or grave that cannot be much diminished by a nice cup of tea.

— 버나드-폴 헤루Bernard~Paul Heroux, 스페인, 철학자

중국 사원에서의 끽차는 --- 두 가지의 목적이 있다. 하나는 비시식계非時食戒를 지키는 것이고 또 다른 하나는 좌선할 때 잠을 쫓기 위함이다. 비식계란, 불교계율에 정한 외의 시간에 하는 식사를 말하는 것으로 정오로부터 다음 날 미명까지의 식사를 말한다. 출가승은 계율에 정해진 때 이외에 음식을 먹으면 안 되게 되어 있다. 다만 이 계율에는 약이나 물은 제외되어 있어서 당연히 끽차가 허용되어있다.

인도에서는 출가승이 매일 두 끼 먹는 것이 지켜지고 있는데, 반해 채식 중심의 중국 사원에서는 두 끼만으로는 부족하다는 이유로 간식 시간을 두고 있다. 비시식계에 어긋나지 않게 하려고 먹는 먹을거리를 [약석藥石]이라 칭하기도 하고 차를 마시면서 먹는 과자류를 [차약茶藥]이라고 말하기도 한다. 약이라면 계율에 반하지 않는다는 일종의 회유책이라 할 수 있다. --- 또 다른 목적은 좌선 중에 잠을 쫓기 위해서이다. 다시 말하면 찻잎에 함유된 카페인이 갖는 각성작용으로 잠을 쫓는 것이다.

中國寺院における喫茶は --- 非時食戒を守ること, もう一つは坐禪時の眠りを徘除することである. 非時食とは, 佛教戒律では正しくないときの食事のことで, 正午から翌日の未明までの食事を指している. 出家僧は非時に食物を食たべてはいけないことになっている. だが, この戒には藥と水が 除外されているので, 當然, 喫茶は許されている.

インドでは出家僧は毎日二食を守つているが, 菜食中心の中國寺院では, 二食ではもたないという理由で, 間食の時間を設けている. 非時食戒に抵觸させないため, そのときの植物を [藥石] と稱したり, お茶を飲むときに食べる菓子類を, [茶藥] と言ったりしている. 藥なら戒に反しないという, 一種の懷柔策であると言えよう. --- もう一の目的は, 坐禪中の睡魔退治である. すなわち, 茶葉に含まれているカフェインが持つ覺醒作用で, 眠氣を覺ますのであった.

— 공령경孔令敬(1956~) 중국, 차문화연구가

중국인들에게 차는 자유로운 영혼과도 같다. 차가 몸에 들어가면 즉시 햇빛의 영양, 밝은 달의 기운, 땅의 풍요로움, 온 우주의 경이로움으로 가득 차게 된다.

To the Chinese people, tea is like a free spirit. When tea enters the body, one is immediately filled with the nutrition of sunshine, the bright moon, the richness of the land, and the wonderment of the entire universe.

— 작자 미상

즐겨 차를 마시면 충치가 적게 생긴다.

常喝茶, 少爛牙

— 중국 속담

진정한 차의 정신은 비밀을 배우는 문제가 아니다. 차의 정신은 미래에 완전해질 것으로 미루는 것이 아니다. 지금, 이 순간 현재에 선차禪茶를 얻지 못하면 결코 얻지 못할 것이다.

Genuine tea is not a matter of learning secret transmissions; it is not to be put off to some future time of mastery. If Zen tea is not attained in the immediate present, it will never be attained at all.

— 데니스 히로타Dennis 廣田(1946~) 미국, 불교학자

집에서 차 한잔과 밥 한 공기는 다른 곳에서의 잔치보다 낫다.

Better than a banquet somewhere else is a good cup of tea and a bowl of rice at home.

— 일본 속담

차가 있는 곳에 희망이 있다.

Where there is tea there is hope.

— 아서 윙 피네로Arthur Wing Pinero(1855~1934) 영국, 극작가 겸 배우

차가 의식이 되면 작은 것에서 위대함을 볼 수 있는 핵심 능력을 갖추게 된다. 아름다움은 어디에서 찾을 수 있을까? 다른 모든 것과 마찬가지로 소멸해버릴 운명인 위대한 일이나, 또는 아무것도 갈망하지 않는 작은 일에서, 차는 한순간에 무한의 보석을 찾을 수 있게 해준다.

When tea becomes ritual, it takes its place at the heart of our ability to see greatness in small things. Where is beauty to be found? In great things that, like everything else, are doomed to die, or in small things that aspire to nothing, yet know how to set a jewel of infinity in a single moment.

— 뮤리엘 바버리ㅣMuriel Barbery(1969~) 프랑스, 작가

차 : 각성의 잎

Tea: Leaf of awareness.

— 빅터 H. 메이어Victor H. Mair(1943~) 미국, 교수
— 얼링 호Erling Hoh, 스웨덴, 저널리스트

차!
그대는 부드럽고 온유하고, 사려 깊고 존경스러운 액체---

Tea~

Thou soft, thou sober, sage and venerable liquid---

— 콜리 시버Colly Cibber(1671~1759) 영국, 배우 겸 극작가

차는 간장의 양식이다.

Tea is a liver food.

— 유스투스 폰 리비히Justus von Liebig(1803~1873) 독일, 화학자

차는 걱정과 갈증을 해소한다.

Tea can remove worry as well as thirst.

— 티벳 속담

차는 고요하다. 그리고 차에 대한 우리의 갈증은 아름다움에 대한 갈망과 크게 다르지 않다.

Tea is quiet and our thirst for tea is never far from our craving for beauty.

— 제임스 노우드 프랫James Norwood Pratt(1942~)
미국, 작가 겸 교육자

차는 고요하여 스스로 잘 드러나지 않기 때문에 이를 음미하려면 고요한 미각이 필요하다.

Tea is quiet and it takes a quiet palate to appreciate something that calls so little attention to itself.

— 제임스 노우드 프랫James Norwood Pratt(1942~)
미국, 작가 겸 교육자

차는 공정하고 현명한 음료라네;
한 치의 가장도 없이 정신을 고양하지:
하지만 포도주는 취하게 하고 모든 감각을 위장시킨다네;
순수하고 감미롭고 온화한 차는 감정을 격앙시키지 않지:
혈관 속의 피를 활기차게 하고,
감각을 세련시키고 두뇌를 교화시킨다네.

Tea is the Liquor of the Fair and Wise;

It cheers the Mind without the least Disguise:

But Wine Intoxicates, and wrong each Sense;

Sweet innocent, mild Tea gives no Offence:

It makes the Blood run sporting in the Veins;

Refines each Sense, and rectifies the Brains.

— 던컨 캠벨Duncan Campbell(1952~) 영국, 저널리스트

차는 군자처럼 성미에 사악함이 없다.

茶如君子性無邪

— 초의草衣(1786~1866) 조선, 승려

차는 그 자체만으로도 풍요로움이다.

Tea is wealth itself.

— 찻잎 성직자, 리퍼블릭 오브 티The Minister of Leaves, Republic of Tea

차는 기계시대의 정신안정제와 같다.

Tea as the machine-age tranquilizer.

— 조지 프레드릭 슈라디George Frederick shrady(1830~1907)
미국, 의사 겸 작가

차는 "기"를 통해 막힌 것을 제거하고 질병을 치료하기 때문에 건강에 유익하다.
차는 술을 마신 후 밤을 상쾌하게 하는 데 도움이 된다.
견과류나 우유와 같은 다른 것들과 섞인 차도 영양을 공급할 수 있다.
차는 여름 더위를 식힐 수 있다.
차는 모든 피로와 졸음을 풀어주고 깨어있게 한다.
차는 정신을 맑게 하고 불안과 초조함을 없애고, 편안

함을 주어 명상에 도움이 된다.

차는 음식의 소화를 돕는다.

차는 몸에서 모든 독소를 제거하고 피와 요도를 씻어 낸다.

차는 장수에 도움이 되며, 건강한 삶을 촉진한다.

차는 몸에 활력을 주고 마음에 창의력을 불어넣는다.

Tea is beneficial to health, as the "Qi" clears all blockages and cures ailments.

Tea helps refresh one after a night of drinking alcohol.

Tea, mixed with other things like nuts or even milk can provide nourishment.

Tea can cool one off in the heat of summer.

Tea helps one slough off all fatigue and drowsiness, promoting an awakened mindset.

Tea purifies the spirit, removes anxiety and nervousness and brings ease and comfort, conducive to meditation.

Tea aids in the digestion of food.

Tea removes all toxins from the body, flushing out the blood and urinary system.

Tea is conducive to longevity, promoting longer, healthier life.

Tea invigorates the body and inspires the mind to creativity.

— 작자 미상

차는 느리다.
느리게 우리고.
천천히 음미하고.
차분하게 즐긴다.
이러한 상식을 지키면.
좋은 일을 얻을 수 있다.

Tea is slow.

In growing.

In drinking.

In enjoying.

It makes sense.

Good things take place.

— 루 앤 판눈치오Lu Ann Pannunzio, 캐나다, 작가

차는 내 두뇌가 보관하는 금고의 마법 열쇠이다.

Tea is the magic key to the vault where my brain is kept.

— 프랜시스 하딩Frances Hardinge(1973~) 영국, 작가

차는 눈물과 갈증을 해소한다.

Tea quenches the tears and thirst.

— 자닌 라모스Jeanine Larmoth(?~2008) 미국, 작가
— 샬럿 터전Charlotte Turgeon(1912~2009) 요리전문작가

차는 단순한 마실거리 이상의 것이다. 차는 보조식품이기도 하다. 그것은 식욕을 증진하고 또한 소화를 돕고 남녀 모두에게 행복감을 준다는 이유로 차를 마신다. 또한 향이나 맛이 좋아서뿐 아니라 기분을 북돋고 원기를 회복시켜 주기 때문이다.

Tea is something more then a beverage. it is an adjuvant food. it promotes appetite, and good digestion waits on appetite. men and women drink tea because it adds to their sense of well-being. it not only smells good and tastes good, but it at once stimulates and refreshes.

— 윌리엄 H. 우커스William H. Ukers(1873~1945)
미국, 작가 겸 저널리스트

차는 단순함에서 나오는 완전한 행위입니다. 제가 차를 마실 때는 저와 차밖에 없습니다. 제 주위의 세계는 사라집니다. 미래에 대한 걱정은 없습니다. 과거의 실수에 연연하지 않습니다. 차는 단순합니다: 잎차, 순수한 뜨거운 물, 잔. 저는 잔 위에 떠 있는 작고 섬세한 찻잎의 향기를 들이마십니다. 제가 차를 마시면, 찻잎의 요체가 저의 일부가 됩니다. 저는 차로 인해 세상에 알려지고 또한 변모했습니다. 이는 순수한 순간에 삶의 행위이며, 이 행위에서 세상의 진실이 갑자기 드러납니다. 삶의 모든 복잡성, 고통, 드라마는 우리 마음속에서

만들어진 가식입니다. 오직 차와 저만이 남습니다.

Tea is an act complete in its simplicity. When I drink tea, there is only me and the tea. The rest of the world dissolves. There are no worries about the future. No dwelling on past mistakes. Tea is simple: loose-leaf tea, hot pure water, a cup. I inhale the scent, tiny delicate pieces of the tea floating above the cup. I drink the tea, the essence of the leaves becoming a part of me. I am informed by the tea, changed. This is the act of life, in one pure moment, and in this act the truth of the world suddenly becomes revealed: all the complexity, pain, drama of life is a pretense, invented in our minds for no good purpose. There is only the tea, and me, converging.

— 틱낫한釋一行(1926~2022) 베트남, 승려 겸 명상가

차는 독이 없고 병을 예방하고 치료하며 체내 독소을 배출시켜 오장육부를 강장強壯하게 한다. 정신 위생상으로도 좋은 효과가 있을 뿐 아니라 혈액순환을 촉진하는 작용도 한다. 차를 마시면 기가 안정되고 장수한다.

— 공자孔子(BC 551~BC 479) 춘추전국시대, 사상가

차는 러시아인들에게 매우 중요하기 때문에, 죄수들도 기본적으로 차를 정기적으로 배급받는다.

Tea is so important to the Russians that prisoners receive a regular ration as a basic requirement.

— 에밀리 컨즈E. Kearns, 영국, 작가

차는 마법과도 같다. 아마도 세계 8대 불가사의일 것이다.

Tea is such a magical product-- perhaps even the eighth wonder of the world.

— 라만H. Rahman, 차 도매상

차는 만 가지 나무의 중심으로 백옥이나 황금과도 같다.

我之茗草 萬木之心 或白如玉 或似黃金

— 왕부王敷, 당나라, 문관

당나라 천보742년 향진공사鄕貢進士인 왕부의 『다주론茶酒論』에 있는 글이다. 『다주론』은 중국 서역 문화의 백미인 돈황燉煌 막고굴莫高窟에서 발견한 글로 『유림외사儒林外史』, 『홍루몽紅樓夢』에 앞서 저술한 구어체口語体로도 유명하다. 차와 술이 서로 인간에게 미치는 공덕과 해악을 해학적으로 엮었으며 특히 술에 심취하던 당대의 사회적 병리현상을 묵시적으로 질타하면서도 한

편으로는 좋은 점을 가려 옹호한다. 일본 을진사乙津寺 란숙蘭叔 주지의 『주다론酒茶論』과 함께 차문화사에 남을 기서奇書이다.

위의 글은, 술이 말하기를 "한 번 취하면 3년이 가고, 술은 마을 친목을 도모하고 군부將兵의 마음을 조화한다. 머리 아프게 생각할 필요가 없다."라고 술의 이로움을 말한 데 대한 답변의 일부이다.

차는 만병통치약이다.

Tea is panacea.

— 니콜라스 덕스Nicholas Dirx(1593~1674) 네덜란드, 의사

차는 어떤 병이든 낫게 할 수 있는 약이라는 말이다. 파나세아panacea는 그리스 신화에서 유래하는 말로 치료와 만병통치의 여신 파나키아panakia에서 유래한다.

신농神農 이래 차는 인간 가까이에서 육체적, 정신적으로 절대선絶對善의 자리에 있었다. 신화로부터 시작한 차의 약리적 효능은 불로장생의 신선사상과 주술, 선禪과의 만남 등 오랜 역사와 더불어 찬미되어 오던 것이 근대에 와서 분석화학分析化學의 발달에 따라 과학적으로 실체가 입증되었다.

인체에 미치는 중요한 효능만을 간추려 보면 다음과 같다.

첫째, 정신적 측면을 보면 차는 1) 몸에 생기를 북돋운다. 2) 우울한 마음을 없애준다. 3) 몸과 마음을 안정시킨다. 4) 중추신경을 자극하여 각성 작용을 한다.

둘째, 신체적 측면을 보면 1) 심장 활동을 강화하는 강심작용

을 한다. 2) 악성 세균을 없애고 위장 활동을 촉진한다. 3) 이뇨작용을 한다. 4) 구취口臭와 충치를 예방한다. 5) 감기를 예방한다. 6) 암세포의 발생과 증식을 막고 노화를 촉진하는 활성산소의 증가를 억제한다. 7) 혈액 중의 콜레스테롤과 중성지방의 증가를 억제한다.

그래서 미국의 저명한 저널리스트 우커스Ukers는 『차 이야기 The Romance of tea』에서 "오랫동안 우리 인간은 차를 완벽한 하나의 약상자complete medicine-chest"라고 생각해왔다고 말한다. 도교 설화에서 나오는 22,000가지의 약효가 지나치게 과장되지 않았다는 이야기로도 들린다.

니콜라스 덕스는 이 세상에 차에 비견할 식물은 없다고 말한 절대 신봉자였다.

차는 맛을 으뜸으로 삼으니 향기롭고 달고 무겁고 매끄러움이 맛의 전부이다.

夫茶以味爲上 香甘重滑 爲味之全.

— 조길趙佶(1082~1135) 송나라 휘종

차는 모든 것을 더 좋게 만든다.

Tea makes everything better.

— 오스트레일리아 TV 퍼스널리티

차는 몸을 가볍게 하고 뼈의 질을 바꾼다.

苦茶 輕身 換骨

— 도홍경陶弘景(452~536) 양나라, 학자

차는 문명의 상징이자 해독제이다.

Tea is the symbol of and antidote to civilization.

— 테리 길레메츠Terri Guillemets(1973~) 미국, 작가

차는 본질적으로 계급과는 무관하며 모든 가정의 것이다. 차는 가진 자가 가난한 사람에게, 가난한 사람이 가진 자에게 거리낌 없이 대할 수 있는 접대 방법이다.

Essentially, classlessly, it belongs to every home. It is the form of hospitality that can be offered by the rih yo the poor or poor to the rich, equally and without embarrassment on either side.

— 제임스 모리스 스콧James Maurice Scott(1906~1986)
영국, 작가 겸 모험가

차는 부유함 그 자체이다. 왜냐하면 첫 모금과 마지막 모금 사이에 버릴 것이 없고, 사라지지 않을 문제가 없고, 떠내려가지 않을 고민이 없기 때문이다.

Tea is wealth itself, because there is nothing that cannot be lost, no problem that will not disappear, no burden that will not float away, between the first sip and the last

— 찻잎 성직자, 리퍼블릭 오브 티|The Minister of Leaves, Republic of Tea

차는 사람의 다양한 얼굴만큼이나 형태도 다양하다.

Teas vary as much in appearance as the different faces of men.

— 조길趙佶(1082~1135) 송나라 휘종

차는 선禪처럼 "글자에 의존하지 않는다." 차는 마음에서 마음으로의 전달에 의해 파악되며 인내심 훈련을 통해서 얻어야 한다.

Tea, like Zen, allows "no dependence on the written word." It is grasped by mind-to-mind transmission and must be attained through patient practice.

— 하마모토 소슌濱本宗俊(1901~?) 일본, 차인

차는 선천적으로 신경질적인 감수성이 거친 사람들에게 조롱을 받지만, 항상 지식인이 가장 좋아하는 음료가 될 것이다.

Tea, though ridiculed by those who are naturally coarse in their nervous sensibilities will always be the favorite beverage of the intellectual.

— 토마스 드 퀸시|Thomas De Quincey(1785~1859) 영국, 작가 겸 평론가

차는 생명의 묘약이다.

Tea is an Elixer of life.

— 에이사이榮西(1141~1215) 일본, 승려

차는 세상의 소음을 잊기 위해 마시는 것이다.

Tea is drunk to forget the din of the world.

— 전예형田藝蘅(1524~1591) 명나라, 학자

차는 소량으로 다관에서 우려내야 한다. 언(큰 다관)으로 만든 차는 항상 맛이 없고, 가마솥에서 만든 군용 차는 기름향과 백화된 맛이 난다. 다관은 자기나 도기로 만들어야 한다. 은이나 금으로 도금한 철제 다관은 좋지 않은 차를 만들고 에나멜 다관은 더 좋지 않다. 흥미롭게도 (요즘 보기 드문) 주석 다관은 그렇게 나쁘지 않다.

Tea should be made in small quantities—that is, in a teapot. Tea out of an urn is always tasteless, while army tea, made in a cauldron, tastes of grease and whitewash. The teapot should be made of china or earthenware. Silver or Britanniaware teapots produce inferior tea and enamel pots are worse; though curiously enough a pewter teapot (a rarity nowadays) is not so bad.

— 조지 오웰George Orwell(1903~1950) 영국, 작가 겸 저널리스트

[차는] 수 세기에 걸쳐서 안전하고 자극적인 마실 거리의 제공으로 전염병을 감소시키고, 혼잡하고 부산한 도시생활이 가능하게 하는 데 중요한 역할을 하였다.

Through the centuries, it has provided a safe, stimulating beverage that played a crucial role in reducing human epidemics and making habitation in crowded, bustling cities possible.

— 빅터 H. 메이어Victor H. Mair(1943~) 미국, 교수
— 얼링 호(Erling Hoh, 스웨덴, 저널리스트

차는 수천 가지의 욕구를 암시하며, 그로부터 문명의 품위와 사치가 샘솟는다는 말로 잘 알려져 있다.

— 아그네스 리플라이어Agnes Repplier(1855~1950) 미국, 작가

(차는) 순수한 자극제이다. 그로 인해서 의기소침할 일은 결코 없다.

A pure stimulant with no second stage of depression.

— 케일럽 살리비Caleb williams Saleeby(1878~1940) 영국, 의사 겸 작가

차는 술과 같은 오만함이 없으며 커피와 같은 자의식도 없을 뿐만이 아니라 코코아와 같은 선웃음 치는 천진함도 없다.

It has not the arrogance of wine, the self-consciousness of coffee, nor the simpering innocence of cocoa.

— 오카쿠라 가쿠조岡倉覺三(1863~1913) 일본, 작가 겸 평론가

차는 술보다 냉정하고 평온하면서 힘을 북돋우어준다.

Tea more cooling, calming and invigorating than wine.

— 윌리엄 고든 스테이블스William Gordon Stables(1840~1910)
영국, 의사 겸 작가

차는 신경의 영양이다.

Tea a nerve nutrient.

— 조지 허친슨George Hutchinson(1828~1913) 영국, 외과의사

차는 식후에 품위 있는 소화제 역할을 할 뿐 아니라 때때로 다양한 영양음료의 기초 재료가 된다.

As well as providing an elegant digestive after dinner. tea was also occasionally used as the base for more nourishing drinks.

— 제인 페티그루Jane Pettigrew, 영국, 작가

차는 실제로 살이 빠지게 한다. 차는 공복감을 낮추고 과식을 방지하기 때문이다.

Tea actually promoted slenderness, because it lessened the sense of hunger and so prevented overeating.

— 휴 맥거건Hugh A. McGuigan, 미국, 약학자

차는 심신을 맑게 하고, 근심과 걱정을 없애고, 마음을 편안하게 하며 명상으로 이끈다.

Tea purifies spirit, removes anxiety and nervousness, brings ease and comfort, and is conducive to meditation.

— 작가 미상

차는 애호품이 되어
머릿속에 떠오르는 망상을 억누르고
영혼의 궁전을 고요하게 만든다.

— 에드먼드 월러Edmund Waller(1606~1687) 영국, 정치인 겸 작가

(차는) 액상의 비취

Liquid of Jade

— 비트리스 호헤네거Beastrice Hohenegger, 이탈리아, 작가

차는 액체로 된 지혜이다.

Tea is liquid wisdom.

— 앨리스 워커Alice Walker(1944~) 미국, 작가 겸 사회운동가

앨리스 워커는 미국 소설가다. 영화로도 만들어진 『컬러 퍼플The color purple』의 저자이기도 하다. 그로 인해 1983년에는 흑인 여성으로선 처음으로 퓰리처상을 받는 영광을 누리기도 하였다. 1944년 미국 조지아주 흑인 소작농의 딸로 태어나 어린 시절 한쪽 눈을 심하게 다친데다 흑인이라는 이유로 아이들에게 따돌림을 당해 왔던 그는 차를 마시며 마음의 격랑을 진정시킨 것으로 유명하다. 차에 대한 고마움을 이렇게 말하였다. "차는 액체로 된 지혜이다." 차는 워커에게 울분을 이지로 이겨 내게 하는 슬기로운 이치를 가르쳐 준 것이다.

인간의 오성悟性을 일깨우는 마법의 힘, 감성을 순화하고 인간관계를 선도善導하는 우정의 액체, 한없이 지혜롭기만 하다.

차는 양생의 선약이자 연명의 묘약이다.

茶者養生之仙藥也 延齡至妙術也

— 에이사이榮西(1141~1215) 일본, 승려

일본 임제종臨濟宗의 개조인 에이사이 스님이 1211년에 저술한『끽다양생기喫茶養生記』에 나오는 말이다. 스님은 이 책에서 "차는 양생의 선약일 뿐만이 아니라 사람의 수명을 늘리는 묘술을 갖추었다. 따라서 산이나 골짜기에 이 차나무가 자라고 있으면 그 땅은 신성하고 영험이 있는 땅이니 사람은 이를 채취하여 마시면 장수한다"라고 하였다. 본래의 인간은 천인天人처럼 건강하였으나 시대가 흐르면서 유약해진 것이다. 심장이 건강해지면 인체의 다른 모든 기관이 건강을 회복하고 양생하게 되는 데 이를 구제하는 길은 오직 차를 마시는 길이라고 하였다.

차는 온 국민 모두에게 또한 어느 나라에도 권장할 수 있다. 남녀 모두 매일 차를 마시는 것이 좋다. 가능하면 한 시간 간격으로 하루에 열 컵으로부터 시작하여 위가 허락할 때까지 그리고 신장이 배출할 수 있는 한도까지 늘려 마셔도 상관없다.

We advise tea for the whole nation and for every nation.
We advise men and women to drink tea daily; hour by hour
if possible; beginning with ten cups a day, and increasing the
dose to the utmost quantity that the stomach can contain and the
kidneys eliminate.

— 코넬리우스 본테코Connelius Bontekoe(1647~1685)
네덜란드, 의사 겸 작가

차는 우리에게 친구나 사랑하는 사람들과 좋은 시간을 즐기고 특히 편안한 대화의 예술을 재발견하도록 손짓합니다.

— 도로시 존슨Dorothy E. Johnson(1919~1999) 미국, 간호학자 겸 작가

차는 이상적인 음료 형태보다 뛰어나다. 차는 삶의 예술이자 종교이다.

Tea is more than an idealization of the form of drinking; it is a
religion of the art of life.

— 오카쿠라 가쿠조岡倉覺三(1863~1913) 일본, 작가 겸 평론가

차는 인간의 덕성을 높이는데 가장 적합하다.

— 도륭屠隆(1543~1605) 명나라, 문신

[차는] 인류 역사상 가장 인기 있는 침출액이다.

Through history have contented for the title of humanity's most popular infusion.

— 빅터 H. 메이어Victor H. Mair(1943~) 미국, 교수
— 얼링 호Erling Hoh, 스웨덴, 저널리스트

차는 재빠르게 뇌에 도달하여 잠자는 사고를 움직이게 하고, 활발하게 하여 상상력에 새로운 혼을 불어넣어 피폐한 창작력에 신선한 활력을 준다.

It nimbly, ascends into the brain,---it actuates and quickens the drowsy Thoughts, adds a kind of new Soul to the Fancy, and gives fresh Vigor and force to the wearied invention.

— 존 오빙턴John Ovington(1653~1731) 영국, 사제

차는 …전 세계적으로 즐기는 진귀한 보물 중 하나이며 실제로 건강에 도움이 됩니다.

Tea … is one of those rare treasures, enjoyed throughout the world, that actually benefits health.

— 킷 차우Kit Chow, 미국, 의사 겸 작가
— 아이오네 크래이머Ione Kramer(1926~2008) 미국, 작가

차는 정신을 온화하게 하며 마음을 편안하고 조화를 얻도록 한다. 차는 사고를 자극하고 졸음을 방지하며 육체에 편하게 힘을 실어 주며 지각 기능을 명료하게 한다.

The tempers the spirits, calms and harmonizes the mind: it arouses thought and prevents drowsiness, lightens and refreshes the body, and clears the perceptive faculties.

— 윌리엄 고든 스테이블스William Gordon Stables(1840~1910)
영국, 의사 겸 작가

차는 정신을 평온하게 한다.

Tea urges tranquility of the soul.

— 롱펠로Henry Wadworth Longfellow(1897~1882) 미국, 시인 겸 교육자

차는 정신적 능력을 활성화한다.

Tea is animating the faculties.

— 존 오빙턴John Ovington(1653~1731) 영국, 사제

차는 조용하다. 그리고 차에 대한 우리의 갈증은 아름다움에 대한 갈망과 크게 다르지 않다.

Tea is quiet and our thirst for tea is never far from our craving for beauty.

— 제임스 노우드 프랫James Norwood Pratt(1942~)
미국, 작가 겸 교육자

차는 조용한 수수께끼입니다

Tea is quiet a conundrum.

— 조지 오웰George Orwell(1903~1950) 영국, 작가 겸 저널리스트

차는 지혜의 물이다.

— 하즈릿트, 영국, 평론가

차는 처음 발견된 이래로, 질병을 퇴치하고 집중력을 강화하며 몸을 정화하고 소화를 돕는 명백한 능력이 있어서 재배와 소비가 장려되었다. 차의 약효에 대한 전설은 중국에서 유럽과 신대륙에 전해져, 서구 소비자의 흥미를 끌었으며, 수 세기가 지난 지금 현대적 연구를 통해 이러한 초기 믿음의 많은 부분이 확인되기 시작하였다.

Ever since tea was first discovered, its cultivation and consumption have been encouraged because of its apparent ability to ward off disease, strengthen powers of concentration, cleanse the body, and aid digestion. Legends of its medicinal properties reached Europe and the New World from China, intriguing the Western consumer, and now, centuries later, modern research has begun to confirm many of those early beliefs.

— 도쿠나가 무츠코德永睦子, 일본, 요리연구가

차는 천천히, 경건하게, 마치 지구의 축인 것처럼, 미래를 향해 서두르지 않고 천천히, 고르게 마시세요.

Drink your tea slowly and reverently, as if it is the axis on which the world earth revolves - slowly, evenly, without rushing toward the future.

— 틱낫한釋一行(1926~2022) 베트남, 승려 겸 명상가

차는 친구와 사랑하는 사람들과 좋은 시간을 보내고, 특히 편안한 대화의 방법을 재발견하도록 안내한다.

Tea beckons us to enjoy quality time with friends and loved ones, and especially to rediscover the art of relaxed conversation.

— 도로시 존슨Dorothy E. Johnson(1919~1999) 미국, 간호학자 겸 작가

차는 착한 사마리아인이다.

Tea as a good Samaritan.

— 케일럽 살리비Caleb williams Saleeby(1878~1940) 영국, 의사 겸 작가

차는 초기 공장 노동자의 에너지원이었다.

Tea was the drink that fueled the workers in the first factories.

— 베넷 앨런 와인버그Bennet Alan Weinberg, 미국, 의료분야 전문작가
— 보니 K. 빌러Bonnie K. Bealer, 인류분야 전문작가

차는 하루하루 삶의 일부이다. 배고플 때 먹고 목마를 때 마시는 것처럼 수월한 것이다.

Tea is a part of daily life. It is as simple as eating when hungry and drinking when thirsty.

— 야마모토 쇼운山本昇雲(1870~1965) 일본, 화가

차는 한 잔의 인생이다.

Tea is a cup of life.

— 작가 미상

　차는 허브로 만든 음료이다. 그러므로 갈증을 없애거나 긴 하루의 긴장을 풀어주는 것 이상의 많은 의미가 있다. 차는 일상적인 식이요법에 허브의 치유력을 가미시킬 수 있는 이상적인 방법이다. 무약 치료제, 자연에서 얻는 에너지, 질병에 대항하는 효능 있는 허브의 방어력을 제공해주는 순수하고 담백한 음료이다.

　Teas are herbal drinks, and because of that, they can do much more than quench your thirst or calm you after a long day. Teas are the ideal way to get the healing power of herbs into your everyday diet. Drugless remedies. Natural energy. Pure and simple drinks that can provide effective herbal defenses against disease.

— 빅토리아 잭Victoria Zak, 미국, 작가

차는 환상적인 애호품이 되어, 머릿속에 떠오르는 망상을 억누르고 영혼의 궁전을 고요하게 만든다.

Tea does our fancy aid,

Repress those vaporous which the head invade

And keeps that palace of the soul serene.

— 에드먼드 월러Edmund Waller(1606~1687) 영국, 정치인 겸 작가

(차는)혈관 속의 피를 활기차게 하고, 감각을 세련시키고 두뇌를 교화시킨다.

It makes the blood run sporting in the veins, refines each sense, and rectifies the brains.

— 던컨 캠벨Duncan Campbell(1952~) 영국, 저널리스트

차 따기는 오묘함을 다하고, 만들기는 정성을 다하고, 물은 진수를 얻고, 달이기는 중정中正을 이루면 체體와 신神이 서로 융합하여 건실과 신령스러움이 아우른다. 이에 이르면 차의 바른길을 다 한 것이다.

採盡其妙 造盡其精 水得其眞 泡得其中 體與神相和 健與靈相倂 至此而茶道盡矣

— 초의草衣(1786~1866) 조선, 승려

차 덕분에 특별한 것을 행하고 느끼도록 영감을 받았습니다.

Being inspired to do, create or feel something extraordinary, all thank's to tea.

— 루 앤 판눈치오Lu Ann Pannunzio, 캐나다, 작가

차를 꿀꺽꿀꺽 마시지 말고 천천히 그 향이 입안을 가득 채우도록 하여라. 마실 때 감사하는 마음 외에는 특별한 태도를 가질 필요가 없다. 차의 본성은 무심無心이다.

Do not gulp the tea but sip it slowly allowing its fragrance to fill your mouth. There is no need to have any special attitude while drinking except one of thankfulness. The nature of the tea itself is that of no-mind.

— 금명보정錦溟寶鼎(1861~1930) 조선, 승려

차를 끓이는 것은 요리와도 같다. 찻잎을 최대한 활용할 수 있는 방법이 있으며, 차를 만드는 규칙이 있다. 이를 지키는 것이 가능한 최고의 차를 만든다는 것을 알게 되었다. 즉 완벽한 차는 당신이 사랑하는 차라고 생각한다.

But brewing tea is like cooking -- there are ways to get the best out of the leaf. There are rules around tea for a reason, and

we find that sticking to them produces the best cup possible.
That said, I think the perfect cup of tea is the one you love.

— 콜린 스미스Colin Smith(1944~) 영국, 작가 겸 저널리스트

차를 깊이 들여다보면 대지의 선물인 향기로운 식물을 마시고 있음을 알 수 있습니다. 당신은 차 따는 사람들의 노동을 봅니다. 스리랑카, 중국, 베트남의 아름다운 차밭과 농장을 볼 수 있습니다. 당신은 당신이 구름을 마시고 있다는 것을 알고 있습니다. 당신은 비를 마시고 있습니다. 차는 온 우주를 담고 있습니다.

Looking deeply into your tea, you see that you are drinking fragrant plants that are the gift of Mother Earth. You see the labor of the tea pickers; you see the luscious tea fields and plantations in Sri Lanka, China, and Vietnam. You know that you are drinking a cloud; you are drinking the rain. The tea contains the whole universe.

— 틱낫한釋一行(1926~2022), 베트남, 승려 겸 명상가

차를 마시는 첫 모금은 기쁨, 두 번째는 즐거움, 세 번째는 평온, 네 번째는 광기, 다섯 번째는 황홀감이다.

The first sip [of tea] is joy, the second is gladness, the third is serenity, the fourth is madness, the fifth is ecstasy

― 잭 케루악Jack Kerouac(1922~1969) 미국, 작가

차를 마시면 답답한 마음을 조용히 가라앉히고, 졸음을 쫓으며, 몸에 기운이 돋는다. 따라서 병에 걸리지 않으며, 차를 마심으로써 예의를 갖추게 되고, 남을 존중하는 마음이 생기며, 여러 가지 맛을 알게 되고, 풍아한 마음이 일어 바른길을 걷게 한다.

散鬱氣, 覺睡氣, 養生氣, 除病氣, 制禮, 表敬, 賞味, 修身, 雅心, 行道

― 묘에明惠(1173~1232) 일본, 승려

차를 마시면 시끄러운 세상을 잊을 수 있다.

Tea is drunk to forget the din of the world.

― 티엔 이헹T'ien Yiheng(1955~) 미국, 교육자

차를 마시면 흥하고 술을 마시면 망한다.

飮茶興飮酒亡

— 정약용丁若鏞(1762~1836) 조선, 문신 겸 실학자

차를 마신다는 것은 기본적으로 차와 당신의 개인 영혼 사이의 사적인 대화이다.

When you are drinking tea, it is basically a private conversation between the tea and your individual soul.

— 루 앤 판눈치오Lu Ann Pannunzio, 캐나다, 작가

차를 마실 때는 위기가 멈춘다.

A crisis pauses during tea.

— 테리 길레메츠Terri Guillemets(1973~) 미국, 작가

차를 마실 때는, 기본적으로 차와 개인의 영혼 사이의 사적인 대화이다.

When you are drinking tea, it is basically a private conversation between the tea and your individual soul.

— 루 앤 판눈치오Lu Ann Pannunzio, 캐나다, 작가

차를 만드는 일은 그 음료 자체와 마찬가지로 마음을 따뜻하게 하는 의식이다.

Tea-making is a ritual that, like the drink itself, warms the heart somehow.

― 제임스 노우드 프랫James Norwood Pratt(1942~)
미국, 작가 겸 교육자

차를 많이 마시지 않으면 일을 할 수 없습니다.
차는 내 영혼 깊은 곳에서 잠자는 잠재력을 발휘합니다.

I must drink lots of tea or I cannot work.

Tea unleashes the potential which slumbers in the depth of my soul.

― 리오 톨스토이Leo Tolstoy(1828~1910) 러시아, 작가 겸 종교사상가

리오 톨스토이

차 맛이 달콤하게 감돌아 졸음이 오니 이것이 바로 선禪이로구나!

— 신위申緯(1769~1847) 조선, 문신

(차를 얻었으니) 매림을 빌리지 않아도 갈증이 능히 그치고, 환초를 구하지 않아도 근심을 비로소 잊게 되었다.

不假梅林 自能愈渴 免求萱草 始得忘憂

— 최치원崔致遠(857~908?) 신라, 문신

차를 오래 마시면 우화羽化하고, 부추와 같이 먹으면 체중을 늘린다.

苦茶久食羽化 興韭同食 令人體重

— 호거사(壺居士), 「식기食忌」 후한시대 선담

『후한서後漢書』에 있는 "호중일월장壺中日月長"의 이야기로 유명한 호거사가 한 말이다.

식기食忌의 기는 금기禁忌를 의미한다. 차를 오래 마시면 우화등선羽化登仙 즉 우화하여 선인이 되고 부추와 같이 먹으면 체중을 늘린다는 것이다. 부추는 백합과 식물로 학명은 Allium Tuberosum이다. 식용으로 많이 사용되고 있으나 특유하고 강한 향이 있어 향을 중시하는 차와 함께 하기에는 어울리지 않은 식물이다. 특히 불교 율장律藏에 의하면 부추는 마늘, 파, 달래, 생강과 더불어 오신채 五辛菜의 하나로, 날로 먹으면 성내는 마음을 일으키고 익혀 먹으면 음탕한 마음을 갖게 한다고 하여 불가에서는 먹어서는 안 되는 금기 채소이다.

우화등선의 이상을 회구하는 차와 선禪의 세계와는 멀리하여야 할 식품이다.

차를 오래 마시면 의사에 유익하다.

苦茶久食 益意思

— 화타華佗(145~208) 후한말, 명의

차를 오래 마시면 힘이 나고 마음이 즐거워진다.

茶茗久腹 令人有力悅志

— 신농神農 『식경食經』

차를 준비하고 제공하는 행위 자체가 대화를 끌어낸다. 티타임 의식이 만들어낸 시간 속 작은 공간은 대화로 가득 차도록 불러낸다. 따뜻하고 위안이 되는 차 그 자체조차도 함께하는 확신을 두껍게 하는 편안함과 신뢰의 느낌을 불러일으킨다.

The very act of preparing and serving tea encourages conversation. The little spaces in time created by teatime rituals call out to be filled with conversation. Even the tea itself-warm and comforting-inspires a feeling of relaxation and trust that fosters shared confidences.

— 에밀리 반즈Emilie Barnes(1938~2016) 미국, 작가

차를 즐기는 민족은 흥하고 술을 즐기는 민족은 망한다.

— 정약용丁若鏞(1762~1836) 조선, 문신 겸 실학자

차를 즐기려면 지금 완전히 깨어있어야 합니다.
현재를 자각할 때만 손이 잔의 기분 좋은 온기를 느낄 수 있습니다.
오직 현재만이 향을 음미하고 단맛을 맛보고 진미를 감상할 수 있습니다.
과거를 회상하거나 미래를 걱정한다면 차 한 잔의 즐거움을 완전히 놓치게 될 것입니다.

잔을 내려다보면 차는 사라질 것입니다.

인생은 그런 것입니다.

당신이 완전히 현재에 있지 않다면, 당신은 주위를 둘러보고 사라질 것입니다.

당신은 삶의 느낌, 향기, 섬세함, 아름다움을 놓칠 것입니다.

빠르게 지나가는 과거는 끝났습니다.

과거로부터 배우고 과거를 버리십시오.

미래는 아직 오지 않았습니다. 계획을 세우되 미래에 대해 걱정하느라 시간을 낭비하지 마십시오.

걱정은 무의미합니다.

이미 일어난 일에 관한 생각을 멈추고, 일어나지 않을 일에 대한 걱정을 멈추면

현재의 순간에 있게 됩니다.

그러면 삶의 기쁨을 느끼기 시작할 것입니다.

You must be completely awake in the present to enjoy the tea.

Only in the awareness of the present, can your hands feel the pleasant warmth of the cup.

Only in the present, can you savor the aroma, taste the sweetness, appreciate the delicacy.

If you are ruminating about the past, or worrying about the future, you will completely miss the experience of enjoying the cup of tea.

You will look down at the cup, and the tea will be gone.

Life is like that.

If you are not fully present, you will look around and it will be gone.

You will have missed the feel, the aroma, the delicacy and beauty of life.

It will seem to be speeding past you. The past is finished.

Learn from it and let it go.

The future is not even here yet. Plan for it, but do not waste your time worrying about it.

Worrying is worthless.

When you stop ruminating about what has already happened, when you stop worrying about what might never happen, then you will be in the present moment.

Then you will begin to experience joy in life.

— 틱낫한釋—行(1926~2022) 베트남, 승려 겸 명상가

차 마시는 시간을 특별하게 만드는 것은 차가 아니다. 티파티에 깃든 정신이다.

It's not the tea that makes it special. It's the spirit of the tea party.

— 에밀리 반즈Emilie Barnes(1938~2016) 미국, 작가

차 맛은 쓰고 차지만 독이 없다. 마시면 피부병이 없어지고 소변이 좋아지며 잠이 적다. 그리고 모든 발병을 막는다.

茶味甘苦微寒無毒　服卽無瘻瘡也　小便利睡少　去疾湯消宿食　一切發病宿食

—『본초강목本草綱目』

차, 맛은 시상을 떠올려 주고, 향은 졸음을 물리쳐 준다.

味擊詩魔亂　香搜睡思輕

— 제기齊己, 당나라, 승려

차에는 특수한 효력을 얻기 위해 마시는 멋진 차의 세계가 있다. 쉽고 즐겁게 차를 즐기는 가운데 에덴동산의 재발견에 버금가는 기쁨이 있을 것이다.

자연적 치유를 위해 오직 해야 할 것들은 바로 이 간단한 메시지이다.

물에 담근다

그리고

잔에 따르라!

There's a wonderful world of teas to drink for their special benefits. And when you do, it will be like rediscovering the Garden of Eden in simple, pleasing drinks.

For natural healing all you have to do is---

steep

and

pour.

— 빅토리아 잭Victoria Zak, 미국, 작가

차에게 갈채를!

Salute to tea!

— 윌리엄 H. 우커스William H. Ukers(1873~1945)
미국, 작가 겸 저널리스트

차에는 아홉 가지 어려움이 있으니 첫째는 만들기, 둘째는 차 가리기, 셋째는 찻그릇, 넷째는 불, 다섯째는 물, 여섯째는 굽기, 일곱째는 가루, 여덟째는 달임, 아홉째는 마시기이다.

茶有九難 一日造 二日別 三日器 四日火 五日水 六日炙 七日末 八日煮 九日飲

— 육우陸羽(733~804) 당나라, 문인

차에는 여섯 가지 덕이 있다.

사람의 수명을 닦아 늘리니 요임금과 순임금의 덕을 지녔고, 사람의 병을 고치게 하니 유부나 편작의 덕을 지녔으며 사람의 기를 맑게 하니 백이나 양진의 덕을 지녔다. 사람의 마음을 안일하게 하니 이로나 사호의 덕이 있고, 사람을 신선으로 만드니 황제나 노자의 덕이 있으며 사람을 예의롭게 하니 주공과 공자의 덕을 지녔다 할 것이다.

吾然後知 茶之又有六德也.

使人壽修 有帝堯大舜之德焉. 使人病己 有兪附扁鵲之德焉. 使人氣淸 有伯夷楊震之德焉. 使人心逸 有二老四皓之德焉. 使人仙 有黃帝老子之德焉. 使人禮 有姬公仲尼之德焉.

— 이목李穆(1471~1498) 조선, 문신

차에는 22,000종의 효능이 있다.

수천 년 전의 중국에서는 차가 수많은 약효성분이 있는 것으로 알려졌었다. 고대 도교의 설화에 84,000종의 약효를 아는 노 본초가가 그것을 아들에게 가르쳐 오던 이야기가 있다.

모든 것을 다 가르치기 전에 그는 죽어버려 아들은 62,000종밖에 알지 못하는 처지가 되었다. 이제 나머지 것은 알지 못하리라 생각하고 있던 아들은 어느 날 꿈을 꾸게 되었다. 꿈속에서, 돌아가신 아버지가 나타나서 내 묘에 와 보아라 거기에 가면 나머지 22,000종에 대한 가르침을 얻을 수 있다고 하였다. 다음 날 아들은 아버지 묘에 갔었으나 거기에는 22,000종이 아니라 단 한 나무의 식물만이 있었다. 그것이 차나무였다. 그래서 아들은 이 불가사의한 식물, 단 한 나무가 22,000종의 효능 모두를 겸비하고 있다는 것을 알게 되었다.

The 22,000 Virtues of Tea

Thousands of years ago in China, tea was renowned for its many medicinal properties. An ancient Taoist story tells about an old herbalist who knew the benefits of 84,000 medicinal herbs and over time, had been teaching his son about them. He died before he could finish, and the son was left with knowledge of only 62,000 of them. The son feared he would never find out about the rest, when one night he had a dream, in which his father told him to come visit his grave. There he would find knowledge about the remaining 22,000. The next day the son went to the grave and found not 22,000 plants, but only one: the tea plant. And he understood that this one marvelous plant contained all the 22,000 virtues.

— 비트리스 호헤네거Beastrice Hohenegger, 이탈리아, 작가

차에는 의학적 효능과 도덕적 효능이 있다.

Tea it's effects, medicinal and moral.

— 조지 가브리엘 지그몬드George Gabriel Sigmond(1794~?) 영국, 작가

차에 대하여 신에게 감사드리자! 차가 없었다면 세계는 도대체 어떻게 되었을까? 세계는 어떤 모습으로 존재하게 되었을까? 나는 차가 나타나기 전에 태어나지 않은 것에 기뻐한다.

Thank God for tea! What would the world do without tea? How did it exist? I am glad I was not born before tea.

— 시드니 스미스Sydney Smith(1771~1845) 영국, 작가 겸 성직자

차에서 얻는 즐거움 가운데 하나는 차를 만들 때 여러 과정을 거치는 것이다.

차의 장점이라면 절대 질리지 않는다는 것이다.

— 패트리샤 로렌츠Patricia Lorenz, 미국, 작가

차와 같은 진정한 전사는 뜨거운 물에서 자신의 힘을 보여준다.

A true warrior, like tea, shows his strength in hot water.

— 중국 속담

차와 꿀은 매우 숭고한 것이다.

Tea and honey is a very grand thing.

— 곰돌이 푸Winnie the pooh,
1926년 영국 작가 A. A. Milne이 쓴 동화 주인공

차와 선은 같은 맛이다. 천진함, 단순 그리고 헤어짐이 없다.

茶和禪都是一個味道, 是回歸熬天眞, 單純, 沒有分別的狀態

— 작자 미상

차와 선을 익힌 사람은 그 마음이 맑고 고요하여서 남의 눈에는 자연 거룩하게 비치는 것이다.

— 최범술崔凡述(1904~1979) 한국, 승려 겸 정치인

차 음료의 정신은 평화와 안정, 그리고 우아함이다.

The spirit of the beverage is one of peace, comfort, and refinement.

— 아서 그레이Arthur gray(1852~1940) 영국, 작가

차 음악은 나를 평온하게 해주는 멜로디이다.

The music of tea is the melody that smoothes me.

— 모건 크리스티안슨Morgan Christiansen(2002~) 미국, 틱톡 스타

차의 거품이 광채로 타오른다.

The froth of tea burns with brilliance.

— 작자 미상

차의 고마움이여! 만약에 차가 없다면 세계는 도대체 어떻게 될 것인가? 존재할 수 있을까?

Thank god for tea! What would the world do without tea? How did it exist?

— 톰 스탠디지Tom Standage(1969~) 영국, 작가 겸 저널리스트

차의 맛과 향을 따라 바라밀波羅密에 든다.

— 김명희金命喜(1788~1857) 조선, 문신

바라밀을 바라밀다波羅密多라고도 하는데 산스크리트어인 파라미타paramita의 음역으로 신성하고 완전한 상태, 최고의 상태, 궁극窮極의 상태, 성취를 위하여 대승불교 보살이 수행, 실천하는 덕목을 말한다. 『반야경般若經』에 의하면 보시布施, 지계持戒, 인욕忍辱, 정진精進, 선정禪定, 지혜智慧의 육바라밀六波羅蜜이 있다.

차의 맑음은 온화함에 있고 술의 맑음은 강렬함에 있다.

茶之淸在和 酒之淸在烈

— 정문丁文(1940~) 중국, 차 연구가

차의 본질에는 우리를 삶에 대한 조용한 명상의 세계로 인도하는 무언가가 있다.

There is something in the nature of tea that leads us into a world of quiet contemplation of life.

― 임어당林語堂(1895~1976) 중국, 작가 겸 평론가

차의 성질은 검소하므로 진하게 마셔서는 안 된다. 차가 진하면 참된 맛이 숨어버리기 때문이다.

茶性儉 不宜廣 則其味黯澹

― 육우陸羽(733~804) 당나라, 문인

『다경茶經』 제5장 육지음六之飮에서 나온 말이다. 『설문해자說文解字』에서 검은 검소하다는 뜻이라 하였고 『논어論語』에서 또한 사치에 대비되는 말로 풀이하였다. 오각농吳覺農은 『다경술평茶經述評』에서 『광아廣雅』에서와 같이 적다는 의미로 해석하면서도 육우가 적다고 하지를 않고 검이라고 한 것은 검에는 적다는 뜻과 검소하다는 양면의 뜻을 함유하고 있어서였을 것이라고 하였다. 광廣은 크다는 뜻이지만 많다는 뜻으로도 쓰인다. 다성茶性이 많고 짙으면 차의 참된 맛이 숨어버린다고 하였다.

차의 속성에는 당신을 고요한 사색의 세계로 인도하는 무언가가 있다.

There is something in the nature of tea that leads us into a world of quiet contemplation of life.

— 임어당林語堂(1895~1976) 중국, 작가 겸 평론가

차의 십덕
여러 부처가 보호하여 준다.
오장이 편안하다.
번뇌에서 벗어난다.
부모를 효성으로 봉양한다.
수면이 조절된다.
임종 시 침착하다.
재앙이 그치고 목숨을 늘인다.
하늘이 보호한다.
마왕을 항복시킨다.
오래 산다.

諸佛加護　五臟調和
煩惱自在　孝養父母
睡眠自在　臨終不亂
息災延命　諸天加護
天魔隨身　壽命長延

— 다케노 조오武野紹鷗(1502~1555) 일본, 차인

차의 10가지 덕목

첫째   차는 막힌 기운을 풀어준다

둘째   차는 졸음을 깨게 한다

셋째   차는 생기를 길러 준다

넷째   차는 병을 제거 한다

다섯째 차는 예와 인에 이롭다

여섯째 차로써 공경과 의리를 표하게 한다

일곱째 차는 맛을 음미하게 한다

여덟째 차로써 몸을 기른다

아홉째 차는 마음을 바르게 한다

열째   차로써 도를 행하게 한다

以茶散鬱氣　以茶覺睡氣

以茶陽生氣　以茶除病氣

以茶利禮仁　以茶表敬意

以茶嘗滋味　以茶養身體

以茶可雅心　以茶可行道

— 유정량劉貞亮(?~813) 당나라, 환관

차 연기 나부끼는 곳에 학이 있고, 약 절구 찧는 소리에
구름이 머문다네

茶烟颺處鶴飛去　藥杵敲時雲闌柵

— 김시습金時習(1435~1493) 조선, 문인 겸 학자

차의 예술은 우리가 공유할 수 있는 영적인 힘입니다.

The art of tea is a spiritual force for us to share.

— 알렉산드라 스토다드Alexandra Stoddard(1941~)
미국, 작가 겸 디자이너

[차]의 적당한 음용은 게으른 사람들을 즐겁게 하고, 공부하는 사람들을 편안하게 하고, 운동을 할 수 없는 사람들의 배부른 식사를 가볍게 하며, 금욕하지 않게 할 것이다.

Its proper use is to amuse the idle, and relax the studious, and dilute the full meals of those who cannot use exercise, and will not use abstinence.

— 사무엘 존슨Samuel Johnson(1709~1784) 영국, 작가 겸 평론가

음차 반대론자인 한웨이Jonas Hanway(1712-1786)는 1756년 「8일간의 여행일지」에서, 18세기에 들어서자 건강에 유해하고, 산업발전에 저해되며, 차의 품위가 하락하여 노동 계층까지도 차를 마시게 되면서 국민이 빈곤에 빠진다고 주장했다. 차를 즐겨 음용하는 남자들은 품위를 잃게 되고, 여자들은 아름다움을 잃게 된다. 집의 하녀가 차를 즐겨하면 자기의 본분을 잃어버리게 될 것이니, 안주인은 이를 자제시키도록 해야 한다고 했다. 특히 가난한 노동계층이 상류층의 흉내를 내어 차를 음용하는 것은 영국에 내려진 저주라고 하며 강경하게 차 음용을 반대했다. 노동자들이 차를 마

시며 시간을 낭비하며 보내고, 나태해지며, 영양 공급이 제대로 이루어지지 않아 건강이 악화되는 등 노동계층의 노동시간과 노동정신의 상실에도 연결된다고 주장한 위와 같은 한웨이의 주장에 대하여 사무엘 존슨이 익명으로 문학잡지Literary magazine에 부정적 입장을 주장한 반론의 글이다.

차의 카페인은 인체의 노폐물을 감소시키는 것으로 밝혀졌다.

The caffeine in tea was found to lessen the waste tissue.

— 윌리엄 B. 마셜William B. Marshall(1889~1918) 영국, 정치인

차 철학은 일반적으로 말하는 단순한 심미주의가 아니다. 그것은 윤리와 종교에 연관되어있으면서 인간과 자연에 관한 여러 가지 견해를 표현하고 있기 때문이다. 그것은 위생학이다. 청결을 강조하기 때문이다. 그것은 경제학이다. 복잡하고 사치스러운 것보다는 도리어 단순함에서 위안을 얻기 때문이다. 그것은 정신기하학이다. 우주에 대한 우리의 균형 감각을 정의하기 때문이다.

The Philosophy of Tea is not mere aestheticism in the ordinary acceptance of the term, for it expresses conjointly with ethics and religion our whole point of view about man and nature. It is hygiene, for it enforces cleanliness; it is economics, for it shows comfort in simplicity rather than in the complex and costly; it is moral geometry, inasmuch as it defines our sense of proportion to the universe.

— 오카쿠라 가쿠조岡倉覺三(1863~1913) 일본, 작가 겸 평론가

차의 효능은 그 맛이 매우 찬 것이어서 마시는데 적당한 사람은 행실이 정갈하고 검소한 덕을 갖춘 사람이다. 만약 열이 나거나 목마름 엉긴 번뇌, 머릿골이 아프거나, 눈이 깔깔하거나 팔다리가 번거롭고, 온 마디가 펴지지 않을 때, 네댓 잔 기울이면 제호 감로와 더불어 맞설 만하다.

茶之爲用 味至寒 爲飮最宜 精行儉德之人 若熱渴凝悶 腦疼目澁
四肢煩 百節不舒 聊四五啜 與醍醐甘露抗衡也

— 육우陸羽(733~804) 당나라, 문인

　　『다경』 일지원 「차의 효능」에서 나오는 말이다. 그에 의하면
차의 성질은 매우 차다고 하였다.『신농본초경神農本草經』은 "약에
는 산酸, 함鹹, 감甘, 고苦, 신辛의 오미五味가 있고 한寒, 열熱, 온
溫, 양凉의 사기四氣가 있다 하였으며『신농본초경교증神農本草經
校證』에서는 한을 치유하려면 열을, 열을 치유하려면 한의 약으로
치유한다고 하였는데 맛이 한이라고 하였으니 열의 치유에 좋다
고 볼 수 있다. 차의 약리적 효용을 보다 구체적으로 표현 한 말로
"만약에 열이 나고 갈증이 생기거나, 고민스럽거나, 머리가 아프
거나, 눈이 깔깔하고, 사지가 번거롭거나 온 뼈마디가 쑤시면 네

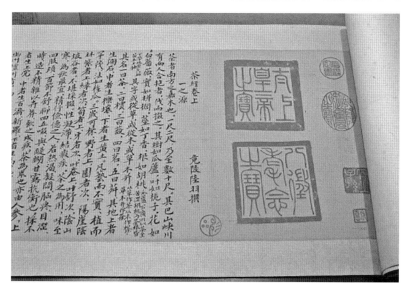

항주차엽박물관이 소장 중인 육우의『다경』

댓 모금만 마시면 제호나 감로에 뒤지지 않는 효험이 있다고 하였다. 모두 열의 범주에 속하는 질환이다.

　　정행검덕 즉 정신과 행실이 검소하고 덕을 겸비한 사람에 알맞다고 한 것에는 두 가지의 동기와 배경에서였을 것으로 보인다. 첫째는 『다경』을 저술할 무렵의 시대적 상황에서이다. 안록산安祿山의 난亂으로 천하가 어지러웠던 시대였다. 혼란기에 가장 적합한 생존 방식은 정행검덕하는 생활 덕목만이 살아남을 수 있다는 것과 다음은 육우에게 영향을 미친 교우관계이다. 육우와 교우가 깊던 교연皎然(704~785)을 흔히 선승禪僧 또는 다불茶佛이라고도 칭한다. 혜박하고 몹시나 검덕고결했던 교연, 은자인 장지화張志和(약730~약810) 그리고 호주자사이자 명필가인 안진경顔眞卿(709~785)은 모두 당대 천하에 제일가는 정행검덕의 실천자들이었다. 또한 그들 모두가 차의 신묘함을 믿었던 사람들이라는 점이다.

　　제호醍醐는 6~7세기 중국『본초서』에서 소수酥를 정제한 것을 제호라 하였고 명나라 때의『본초강목』에서는 락酪酪을 정제한 것이라 하였는데 제호는 모두 가축의 젖을 정제해서 만든 가공품으로 맛의 상징으로 여겨왔다.

차: 즐거움과 건강을 위한 마실거리이다.

Tea: the drink of pleasure and of health.

— 윌리엄 고든 스테이블스William Gordon Stables(1840~1910)
영국, 의사 겸 작가

차, 천상의 환희, 자연의 참 부富.
상쾌한 기분이 드는 약, 확실하게 건강을 보증하는
경세가經世家의 조언자, 처녀의 사랑,
뮤즈의 신주神酒, 주피터의 음료

Tea, Heavn's delight, and nature's truest wealth,

That pleasing physic, and sure pledge of health:

The statesman's counselor, the virgin's love,

The Muse's nectar, and he drink of Jove.

— 피터 안서니 모떼|Peter Anthony Motteux(1663~1718) 영국, 극작가

차탕 앞에 앉으면 생각이 거울처럼 맑아진다.

— 작자 미상

차 한 모금에 인생을 읽으며
살아 온 자취에
쓰고, 떫고, 시고, 짜고, 단 오미를 가리며 앞으로의
삶에 갈피를 다듬는다.

— 정순응鄭順膺(1910~1994) 한국, 의료인

차 한 모금이 의기소침해진 영혼을 기쁨과 환희에 젖어 들게 하리라.

One tip of this will bathe the drooping spirits in delight, beyond the bliss of dreams.

— 존 밀턴John milton(1608~1674) 영국, 작가

차 한 잔(한 잔에 두 숟가락, 3분 이상 그대로 두지 않음) 후에 뇌에 말한다. "이제 일어나 너의 힘을 보여줘. 유창하고 깊고 부드러운. 맑은 눈으로 자연과 삶을 보라, 떨리는 생각의 하얀 날개를 펼치고 신과 같은 영혼이 되어 당신 아래의 소용돌이치는 세상 위로, 불타는 별들의 긴 길을 지나 영원의 문으로 날아올라라!"

After a cup of tea (two spoonsful for each cup, and don't let it stand more than three minutes,) it says to the brain, "Now, rise, and show your strength. Be eloquent, and deep, and tender; see, with a clear eye, into Nature and into life; spread your white wings of quivering thought, and soar, a god-like spirit, over the whirling world beneath you, up through long lanes of flaming stars to the gates of eternity!"

— 제롬 클라프카 제롬Jerome Klapka Jerome(1859~1927) 영국, 작가

차 한 잔은 상상의 한계를 나타낸다.

— 작자 미상

참선하는 사람에게 물어보면 차는 무의식적으로 따르는 것이 아니라 여느 술처럼 마신다고 할 것이다. 그것은 음료가 아니라 명상이며, 기도이다. 그래서 그들은 멜로디를 만드는 주전자에 귀를 기울이고, 그들은 이를 경청하면서 더 조용해지고 더 주의를 기울인다.

If you ask Zen people they will say tea is not something that you pour with unawareness and drink like any other drink. It is not a drink, it is meditation; it is prayer. So they listen to the kettle creating a melody, and in that listening they become more silent, more alert.

— 오쇼Osho(1931~1990) 인도, 철학자 겸 신비주의자

찻잔이 말을 할 수 있다면---

If teacup could talk---

— 에밀리 반즈Emilie Barnes(1938~2016) 미국, 작가

찻주전자가 하나 있다면
차를 끓일 수 있습니다.
이것이면 충분합니다.
당신은 자기 자신이 얼마나 부족하다고 생각합니까
누가 많은 것을 가져야 합니까?

If you have one teapot

And can brew your tea in it

That will do quite well.

How much does he lack himself

Who must have a lot of things?

— 센리큐千利休(1522~1591) 일본, 차인

차, 차 이 한 잔 차 맛에는
우주 만상의 진리가 여기 있으니
이 맛은 어떻다고 보이기도 어려우며
말하기도 어렵구나! 가자자 가가소
온 산의 단풍 경치는
이월의 꽃보다 곱구나.

茶茶 這個茶一味 宇宙萬像之眞理

在此難同示難同說 呵刺刺 呵呵笑

萬山楓葉景 勝如二月花

— 경봉鏡峰(1892~1982) 한국, 승려

**차 한 잔은 평화의 한 잔이다.
순수한 바람이 내 몸을 감싼다.
온 세상이 한 컵에 비친다.**

A cup of tea is a cup of peace.

A pure wind envelopes my body.

The whole world seen in a single up.

— 센 소시쓰千宗室(1923~) 일본, 裏千家十五代千宗室

차 한 잔을 거부하는 것은 우정의 제스처를 거부하는 것과 같다.

Rejecting a cup of tea is like rejecting a gesture of friendship.

— 제시카 팬Jessica Pan, 싱가포르, 교수

차 한 잔이 뇌에게 말한다. "이제 일어나서 너의 힘을 보여줘. 감동적이고 깊고 부드러움을."

A cup of tea says to the brain, "Now rise, and show your strength, Be eloquent, and deep, and tender."

— 제레미 케이 제롬Jereme K. Jerome(1859~1927) 영국, 작가

찻잔과 받침 접시 사이에서 나는 땡그랑 소리만으로도 마음이 행복하고 평화로워진다.

— 조지 기싱George Gissing(1857~1903) 영국, 작가

찻잔은 몸과 같고 차는 의식과 같아서, 육체가 죽어도 의식은 계속해서 다른 형태로 존재한다.

The teacup is like the body and the tea is like consciousness, and when the body dies, consciousness continues to exist, just in a different form.

— 제시카 맥스웰Jessica Maxwell, 미국, 작가

찻주전자 밖의 삶은 먼지투성이일 뿐이다.

Outside of a teapot life is but thousands of dusty affairs.

— 테리 길레메츠Terri Guillemets(1973~) 미국, 작가

찻주전자에서 무지개를 따른다-
행복과 사랑의 음료
따뜻함, 고요함, 평화-
깊고 짙은 꿈을 꾼다
Pour a rainbow from a teapot—
Drink of happiness and love
Warmth, calmness, and peace—
Breathing deep misty dreams

— 테리 길레메츠Terri Guillemets(1973~) 미국, 작가

첫 번째 잔은 내 입술과 목구멍을 적신다. 두 번째는 내 외로움을 사라지게 한다. 세 번째는 인생의 잘못이 내 기억에서 부드럽게 사라지게 한다. 넷째는 내 영혼을 청정하게 한다. 다섯 번째 잔은 눈짓도 하지 않는 신의 영역으로 나를 들어 올린다.

The first cup moistens my lips and throat. The second shatters my loneliness. The third causes the wrongs of life to fade gently from my recollection. The fourth purifies my soul. The fifth lifts me to the realms of the unwinking gods.

— 당나라 속담

첫 번째 차는 언제나 최고이다. …가장 뜨거운 카르페디엠을 누렸음을 알게 되면서 목구멍이 타는 듯 움찔한다.

The first sip of tea is always the best… you cringe as it burns the back of your throat, knowing you just had the hottest carpe-diem portion.

— 테리 길레메츠Terri Guillemets(1973~) 미국, 작가

카르페 디엠Carpe Diem은 "현재를 잡아라"란 말로, 고대 로마공화정 말기의 시인 호라티우스Horatius의 라틴어로 된 시 "현재를 잡아라. 내일이란 말은 최소한만 믿어라Carpe diem, quam minimum credula postero"에서 유래한다.

첫 잔은 갈증을 풀기 위해서, 둘째 잔은 우정을 맹세하며, 셋째 잔은 단순히 과시하기 위해 차를 마신다.

The first cup assuages thirst, the second pledges friendship, the third is simply ostentatious.

— 루이스 뒤프리Louis Dupree(1925~1989) 미국, 고고학자

천국으로 가는 길은 다관을 통해서 간다.

The path to heaven passes through d teapot.

— 영국 속담

천애에 떠도는 한 깨끗이 씻어주니 정녕 좋은 차는 아름다운 사람과 같구나

滌盡天涯流落恨　須知佳茗似佳人

— 이숭인李崇仁(1347~1392) 고려, 문인

첫 잔은 인생처럼 원만하고, 두 번째 잔은 사랑처럼 강렬하고, 세 번째 잔은 죽음처럼 온화하다.

The first glass is as bitter as life, the second glass is as strong as love, the third glass is as gentle as death.

— Moroccan Mint Tea를 즐겨 마시는 지역 속담

첫째 잔은 입술과 목을 촉촉하게 적셔주고
둘째 잔은 고민을 지워주네
셋째 잔은 메마른 창자 젖으니
오천 권의 문자만이 있을 뿐이다
넷째 잔은 가벼운 땀이 솟아나니
평생 불평스러웠던 일이 모공을 통해 모두 사라진다네
다섯째 잔은 살과 뼈를 맑게 하고
여섯째 잔은 신선과 통한다오.
일곱째 잔은 마시지도 않았는데
두 겨드랑이에 맑은 바람 일어나네
봉래산 어드메뇨 나는 이 청풍 타고 가련다

一椀喉吻潤,

兩椀破苦悶,

三椀搜枯腸

唯有文字五千卷,

四椀發輕汗

平生不平事盡向毛孔散

五椀肌骨淸,

六椀通仙靈,

七椀喫不得也

唯覺兩腋習習淸風生.

蓬萊山在何處

玉川子乘此淸風欲歸去

— 노동盧仝(795~835) 당나라, 시인

다성 육우와 같은 시대에 살았던 당나라 사람 노동의 시이다. 「칠완다가七椀茶歌」 또는 「노동盧仝의 다가茶歌」라고도 하는 이 시는 수많은 다시 가운데서도 단연 백미로 꼽는다.

그는 빈곤에 허덕이면서도 도교에 심취한 나머지 깊은 산 속에 들어가 은둔 수업을 하던 어느 날 문인이자 양양절도사襄陽節度使와 공부상서工部尚書를 지낸 친구 맹간孟簡이 보내온 양선차陽羨茶를 받고 나서 감사의 마음을 담아 보낸 글 「주필사맹간의기신차走筆謝孟諫議寄新茶」 중에서 차를 찬양한 칠구七句를 후학들은 「칠완다가七椀茶歌」라고 칭하게 되었다. 한 잔, 두 잔 거듭함에 따라 속세와 멀어져 가면서 끝내는 우화경羽化境에 빠져드는 신묘한 다경茶境을 그린 시이다. 차의 세계를 선계仙界에 까지 비약시킨 이 시는 차문화를 정신문화仙敎와 접목한 첫 번째 시로써 세계의 차인 누구나가 애송하는 시이다. 영미권에서는 「Lu Tong's seven bowls of tea」 또는 「Tea Drinking」이라고도 한다.

현대 세계 차문화를 집대성한 우커스William H. Ukers는 저서 『차의 모든 것All About Tea』에서 「Tea Drinking」이라 표현하였다. 우커스의 영문 번역문을 실어 둔다.

Tea-Drinking

The first cup moistens my lips and throat;

The second cup breaks my loneliness;

The third cup searches my barren entrail but to find therein
　　some five thousand volumes of odd ideographs;

The fourth cup raises a slight perspiration - all the wrongs
　　of life pass out through my pores;

At the fifth cup I am purified;

The sixth cup calls me to the realms of the immortals.

The seventh cup - ah, but I could take no more! I only feel the breath of the cool wind that raises in my sleeves.

Where is Elysium? Let me ride on this sweet breeze and waft away thither.

청자에 담긴 차 한 잔
체體와 신神이 어울려
천지에 스미고
이른 아침
동해의 노을이 감기어
엷은 노란빛에
청자의 가냘픈 취색이
가라앉는다.

Tea in a celadon cup

Melting body and soul

Permeates heaven and earth

Suffused with the morning glow

Of the Eastern sea

The fragile green of the grave celadon

Drifts downward into the pale yellow.

— 정순응鄭順膺(1910~1994) 한국, 의료인

최고의 선택, 활기를 주는 으뜸가는 차:

유명하고 세련되고, 흠결 하나 없는 고귀함이여.
가장 풍부한 포도주보다 훨씬 더 풍부함을 마시네.

A capital tea, choice too, is not at all fearful

Famous and fashionable, faultless and fine,
Drinkers richer by far than the richest of wine.

— 1890년 영국 John Lewis 백화점 선전 문구중에서

차는 추울 때 따뜻하게 해주고, 더울 때 식혀 준다. 기분이 침울해질 때는 힘을 북돋우어주고, 흥분해 있을 때는 마음을 침착하게 가라앉혀준다.

If you are cold, tea will warm you. if you are too heat tea, it will cool you. If you are depressed, it will cheer you. If you are excited, it will calm you.

— 윌리엄 이워트 글래드스턴William Ewart Gladstone(1809~1898)
제47대 영국 총리

친근감을 나누고 우정을 쌓는데, 차 한 잔보다 더 좋은 방법이 있을까?

What better way to suggest friendliness---and to create it--- then with a cup of tea?

— 그레이슨 러트럴J . Grayson Luttrell(1891~1974) 미국, 사업가

커피는 대화를 즐기기에 좋고 차는 명상에 작합하다.

Coffee for conversation, tea for meditation.

— 로버트 린드Robert Lynd(1879~1949) 영국, 작가

태어나면서부터 신경이 예민하지 못한 사람이거나 술을 너무 마셔 그렇게 되어 버린 사람, 또는 이처럼 세련된 자극제에도 전혀 흥미를 갖지 않는 사람은 차를 어리석게 보지만 지성이 있는 사람은 언제나 차를 즐긴다.

Tea, though ridiculed by those who are naturally coarse in their nervous sensibilities, or are become so from wine drinking, and are not susceptible of influence from so refined a stimulant, will always be the favored beverage of the intellectual.

— 토마스 드 퀸시Thomas De Quincey(1785~1859) 영국, 작가 겸 평론가

티타임은 속도를 늦추고 뒤로 물러나 주변을 돌아 볼 수 있는 기회이다.

Tea time is a chance to slow down, pull back and appreciate our surroundings.

— 레티티아 볼드리지Letitia Baldrige(1926~2012)
미국, 작가 겸 에티켓 전문가

티타임 이전에 우주 만물이 사라질까 봐 늘 걱정이다.

I always fear that creation will expire before teatime.

— 시드니 스미스Sydney Smith(1771~1845) 영국, 작가 겸 성직자

티파티는 영혼의 온천과 같은 역할을 한다. 차를 마시는 동안 근심과 일을 잠시 잊는다. 바쁜 사람들은 업무를 잊는다. 스트레스는 어느새 사라지고 감각은 깨어난다.

The tea party is a spa for the soul. You leave your cares and work behind. Busy peaple forget their business, Your stress melts away, your senses awaken,

— 알렉산드라 스토다드Alexandra Stoddard(1941~)
미국, 작가 겸 디자이너

하늘과 신선, 사람과 뜬 것 모두 사랑하고 중히 여기니
너 됨됨이가 기이하고 성실, 절묘함을 알기 때문이다.

天仙人鬼俱愛重　知爾爲物誠奇絶

— 초의草衣(1786~1866) 조선, 승려

하늘 아래 떠도는 한을 깨끗이 씻어준다.

滌盡天涯流落恨

— 이숭인李崇仁(1347~1392) 고려, 문인

한 모금 마셔 혼매함 씻겨지니 마음이 하늘 끝까지 상
쾌하고, 또 한 모금 마셔 영혼이 맑아지니 비 뿌려 먼지
씻어 낸듯하네, 세 모금 마시자 도의 경지에 이르니 번
뇌가 저절로 물러가네.

一飮滌昏寐 情思爽郞滿天地　再飮淸我神 忽如飛雨灑輕塵　三
飮便得道　何須苦心破煩惱

— 교연皎然(704~785) 당나라, 승려

한 사발을 마시니 마른 창자가 눈으로 씻긴 것 같고, 두 사발을 마시니 상쾌하여 넋은 신선이 되는구나, 세 사발은 병골이 씻기고 두풍이 나으매 내 마음은 노 나라의 공자와 같은 마음이라, 뜻은 구름에 들리어 맹자의 호연지기를 기르네. 네 사발을 마시니 웅호한 기운이 일어 우울과 비분을 비우고 태산 오른 듯 천하가 저리 작은데 이 어찌 부앙함이 불가능하다 하리, 다섯째 사발을 마시니 색마가 놀라서 달아나고 제사상에 앉은 시동의 맹롱한 몸이라 구름치마 깃저고리 입은 듯, 월궁으로 백란조 채찍질하네. 여섯째 사발을 마시니 마음은 해와 달이 되고, 만 가지가 다 거적인양 신기하여라. 소보 허유 앞서고 백이 숙제 따라가 듯 천궁의 상제께 읍하노라, 일곱째 사발은 아직 반도 비우지 않았는데 울금향 맑은 바람이 옷깃에 이네. 천상계의 문을 보니 무척 가깝고 봉래산은 조용하고 울창하구나. 이 같은 맛과 신묘함이 극장일지니

啜盡一椀 枯腸沃雪. 啜盡二椀 爽魂欲仙. 其三椀也 病骨醒 頭風痊. 心兮若魯叟 抗於浮雲 鄒老養氣於浩然.　其四椀也 雄豪發 憂忿空氣兮 若登太山而小天下 疑此俯仰之不能容.　其五椀也 色魔驚遁 餐尸盲聾身兮 若雲裳而羽衣 鞭白鸞於蟾宮.　其六椀也 方寸日月 萬類籧篨神兮 若驅巢許 而僕夷齋　揖上帝於玄虛.　何七椀之未半 鬱淸風之生襟　望閶闔兮 孔邇隔蓬萊之蕭森 若斯之味 極長且妙

— 이목李穆(1471~1498) 조선, 문신

한 상자의 차에는 많은 시와 섬세한 감성이 있다.

There is a great deal of poetry and fine sentiment in a chest of tea.

— 랄프 왈도 에머슨Ralph Waldo Emerson(1803~1882) 미국, 사상가

한 잔 마시고 문득 한마디 하면 점차 현묘한 경지에 드니, 이 같은 즐거움이 맑고 담담한데 어찌 술에 취해 혼혼하랴.

一甌輒一話 漸入玄玄旨 此樂信淸談 何必昏昏醉

— 이규보李奎報(1168~1241) 고려, 문인

한 잔의 작은 차가 마음을 행복한 안식으로 변화시킨다.

The mere chink of cups and saucers turns the mind to happy repose.

— 조지 기싱George Gissing(1857~1903) 영국, 작가

한 잔의 차는 나를 정상의 상태로 되돌려 줄 것이다.

A cup of tea would restore my normality.

— 더글라스 애덤스Douglas Adams(1952~2001) 영국, 작가

한 잔의 차는 한 조각의 마음에서 나왔으니, 한 조각 마음에 한 잔의 차가 있네.

마땅히 한 조각의 차 맛을 보면 한 맛에 무량한 즐거움을 얻는다네.

一椀茶出一片心　一片心在一椀茶　當用一椀茶一嘗　一嘗應生無量樂

— 함허涵虛(1376~1433) 조선, 승려

향기로운 차는 육청의 으뜸이요, 넘치는 맛은 천하에 퍼지네.

芳茶冠六淸 溢味播九區

— 장맹양張孟陽, 진나라, 문신

육우의 『다경茶經』에 인용된 장맹양(일명 장재張載)의 시 "등성도루登成都樓"에 나오는 글이다. 지금의 사천성四川省 성도시成都市에 있는 백토루白菟樓에 올라 읊은 차시로 백토루를 현지에서는 장의루張儀樓라고도 부르고 있다.

'향기로운 차의 향기는 육청 보다 낫고 그 뛰어난 맛 또한 천하에 퍼진다'는 차 찬미의 시이다.

육청六淸은 『주례周禮』의 천관天官, 선부膳夫에 보면 물水, 과일즙漿, 단술醴, 물엿酏, 청주醇, 장醬인데 시의 원문에서는 육정六情으로 되어있다. 차관계 사전류에서도 보면 육정과 육청이 각기 쓰이고 있다. 예컨대 중국 광명일보출판사가 1999년에 발행한

『중국차문화경전』과 홍익제에서 1995년 발행한『중국차엽역사자료선집』에는 육정으로 쓴 데 반하여 절강섭영출판사가 1999년에 발행한『중국고대차엽전서』와 일본의 저명한 차연구가 누노메조후布目潮渢는『다경상해』에서 육청으로 하였다.

육정은 희, 노, 애, 락, 애, 증을 일컫는 것으로 문장의 흐름으로 보아 육청이 옳은 것으로 생각된다. 또한 구구九區는 중국 고대에는 천하를 구구로 나누어서 보았다.

이 시가 지어진 때가 서진西晉 무제武帝(제위 266~290) 무렵인 것으로 보아 이미 이 무렵에 음차가 행해졌었다는 것을 알 수 있게 한다.

홀로 마신 즉 그 향기와 맛이 신기롭다.

— 법정法頂(1932~2010) 한국, 승려 겸 작가

화개골의 차 좋단 소문 익히 들었는데, 맑기가 양선차 같고 차의 높은 향기는 금옥과 같구나

聞道花開谷　淸如陽羨山　香茶金玉重

— 하연河演(1376~1453) 조선, 문인

화경청적

和敬清寂

— 유원보劉元甫(1234~1320) 송나라, 승려

다도를 행함에 있어 준수해야 할 정신적, 행위적 규범을 표헌한 선어이다. 차를 마시면서 선의 경지에 이르게 하는 선법을 다담선茶澹禪이라고 하는데 송나라 백운白雲 수단선사守端禪師 (1024~1071)가 이 다담선의 개산조이다. 그후 그의 법통을 이어 온 유원보劉元甫가 화경청적이라는 화두로 다도회를 조직하면서 쓰여 온 말이다. 화和와 경敬은 차를 다루는데 있어 주객 상호 간의 마음가짐과 행동규범, 청淸과 적寂은 다실, 다기 등 주변의 물리적 환경에 관한 내용을 말한다. 여러가지 철학적 의미로 해석할 수도 있겠으나 소박한 의미에서 풀이하면 화목하고, 존경하고, 청결히하고, 조용한 분위기 하에서 다도가 행해져야 한다는 뜻이다. 주객 모두에게 절실한 말이다. 특히 일본 다도에서 강조되는 선어이다. 중국에서는 화목하고 서로 존경하는 마음가짐으로, 조촐하고 청결하며 아름답게 다도가 행해져야 한다는 의미에서 화경렴미和敬廉美를 강조한다. 차의 정신이 이 네 문자에 간결하게 응집되어 있다고 할 수 있다. 영문으로는 Harmony, Respect, Purity and Tranquility로 표기한다.

**활활 타오르는 불에 끓인 향기로운 차는 바로 도의 맛
이다.**

活火香茶眞道味

— 이규보李奎報(1168~1241) 고려, 문신 겸 학자

**황홀경이란 유리병 가득히 차를 담아 설탕 한 조각을
넣는 것이다.**

Ecstasy is a glass full of tea and a piece of sugar in the mouth.

— 알렉산더 푸쉬킨Alexander Puskin(1799~1837) 러시아, 작가

**훌륭한 은행가는 좋은 차처럼 뜨거운 물에 있을 때 그
진가를 알 수 있다.**

Good bankers, like good tea, can only be appreciated when
they are in hot water.

— 자파르 후세인Jaffar Hussein(1931~1998) 말레이시아, 전 금융인

훌륭한 의사가 내 꿀에 차 한 스푼을 넣었다. "당신은 오소리가 만든 차를 마시고 있습니다." 짐이 말했다. "무엇을 기대했나요?"

The good doctor put a spoon of tea into my honey." "You're drinking tea a honey badger made," Jim said. "What did you expect?"

— 일로나 앤드류스Ilona Andrews(1976~) 미국, 작가

흐린 날에 따서 밤에 덖어 만들지 않는다.

陰探夜焙非造也

— 육우陸羽(733~804) 당나라, 문인

흙이 도자기의 살이라면 불은 도자기의 피이고 작가의 마음은 도자기의 혼이다.

— 작자 미상

제4부

일상의 차

: 한 잔의 차, 황홀한 유혹

가슴 속엔 막히고 체한 것 없다고 자신했는데, 맑은
차 마셔보니 다시 자랑할 만하다네.

自信胸中無壅滯 喫添淸苦更堪誇

— 정약용丁若鏞(1762~1836) 조선, 문신 겸 실학자

개울가 푸른 이끼에 앉아 솔잎 태워 차를 달인다. 차
마시고 다시 시 읊으니 꽃 사이로 하얀 나비들이 좋아
춤추며 노니는구나.

澗邊坐靑苔 烹茶燒松葉 傾盂復吟詩 花間戱白蝶

— 숙선옹주淑善翁主(1793~1836) 조선, 시인

고상하면서도 우아한 도자기 찻잔은 사람을 온화하게
하고, 따뜻한 생각을 하게 하며, 친밀감을 느끼게 한다.

— 맬컴 코헨Malcolm Cohen(1913~2013) 미국, 사업가

고전을 통해서 과거를 보면 그때그때의 조상이 보인
다. 차 관계 고전에는 조상의 차 생활이 보인다.
　--- 우리 조상이 누려 살던 차 마시며 생활한 과거와
근대가 그리고 거기서 온고溫故한 새로운 음다생활의 방
향이 집결된다.

— 윤경혁尹庚爀(1930~2012) 한국, 차문화연구가

꽃잔에 눈 같은 차 기울이자 오장육부가 모두 맑고 새로워지네.

花甌快傾如卷雪 頓覺六用俱淸新

— 조위曹偉(1454~1503) 조선, 문신

꿀꺽 마시지 말고 한 모금씩 인생을 즐겨라.

Enjoy life sip by sip, not gulp.

— 찻잎 성직자, 리퍼블릭 오브 티The Minister of Leaves, Republic of Tea

그녀가 말한다면, 그것은 단지 기분 좋은 한두 마디가 될 것이다. 그녀가 중요한 할 말이 있다면, 그 순간은 차를 마시기 전이 아니라 차를 마신 후일 것이다. 그녀는 본능적으로 이것을 알고 있다.

If she speaks, it will only be a pleasant word or two; should she have anything important to say, the moment will be after tea, not before it; this she knows by instinct.

— 조지 기싱George Gissing(1857~1903) 영국, 작가

**그녀의 빨간 두 입술은 살짝 미풍을 불어,
보이차를 식히고 남자들을 흥분시키지;
하얀 손가락 하나와 엄지가 공모하여
찻잔을 들면 사람들은 감탄하지.**

Her two red rips affected Zephyrs blow,
To cool the Bohea, and inflame the Bean;
While one white Finger and a Thumb conspire
To lift the cup and make the world admire.

— 에드워드 영Edward Young(1683~1765) 영국, 시인

제퍼Zephyrs는 제피루스Zephyrus를 말한다. 제피루스는 그리스 신화에 나오는 바람의 신 가운데 서쪽에서 불어오는 바람의 신을 말하며 여러 바람의 신 가운데서도 우리 인간에게 가장 온화하고 호의적인 바람이다. 제피루스와 같은 그녀의 두 입술 사이에서 새어 나오는 미풍은 뜨거운 보이차를 식혀 주고 하얀 손으로 상냥하게 미소 지으며 찻잔을 든 모습을 상상하게 하는 환상적인 표현력은 모든 사람을 감복시키고도 남음이 있다. 그래서일까, 혹자는 에드워드 영을 명언 제조기라 부르기도 한다.

그대가 추울 때 차는 따뜻하게 해주고
그대가 더울 때 시원하게 해주며
그대가 우울할 때 위로해 주며
그대가 흥분할 때 안정을 주네

If you are cold, tea will warm you

If you are too heated, it will cool you

If you are depressed, it will cheer you

If you are excited, it will calm you

— 윌리엄 이워트 글래드스턴William Ewart Gladstone(1809~1898)
제47대 영국 총리

그대여, 어지러운 머릿속을 정리해줄 차 한 잔을 내게
준다면, 내가 당신의 사정을 더 잘 이해할 텐데.

My dear, if you could give me a cup of tea to clear my muddle
of a head, I should better understand your affairs.

— 찰스 디킨스Charles Dickens(1812~1870) 영국, 작가

근사한 연애는 샴페인에서 시작하여 허브차로 끝난다.

Great love affairs start with champagne and end with tisane.

— 오노레 드 발자크Honore de Balzac(1799~1850) 프랑스, 작가

깊은 밤 질화로 불에 차 달이는 향기, 다관을 새어 나
오네

地爐深夜火　茶熟透缾香

— 태고 보우太古 普雨(1301~1382) 고려, 승려

나는 다우茶友를 만나면 늘 이렇게 말한다.
천천히
살그머니
조용히
환담하면서
향기를 맡으면서
그러면 자연히 한가한 경지에 이르게 된다.

— 최규용崔圭用(1903~2002) 한국, 차인

나는 불쾌한 습관을 지니고 있다. 나는 3시에 차를 마
신다.

— 믹 재거Mick Jagger(1943~) 영국, 배우 겸 가수

나는 엄격하고 거리낌 없이 차를 마시는 사람이다.
20년 동안 매혹적인 차를 마시며 묽게 만든 식사를 함
으로써 주전자가 식을 시간이 거의 없었다. 차를 마시
며 오후를 즐기고, 자정에 차를 마시며 위로하고, 차를
마시며 아침을 맞이한다.

[I am a] hardened and shameless tea drinker, who has for twenty years diluted his mills only with the infusion of this fascinating plant; whose kettle has scarcely time to cool; who with tea amuses the evening, with tea solaces the midnight, and with tea welcomes the morning.

— 사무엘 존슨Samuel Johnson(1709~1784) 영국, 작가 겸 평론가

나는 영원히 사는 것에는 관심이 없다. 단지 차 맛에
관심이 있을 뿐이다.

I am in no way interested in immortality, but only in the taste of tea.

— 노동盧수(795~835) 당나라, 시인

나는 집에 있으면서 쿠키를 굽고 차를 마실 수도 있었을 것 같아요.

I suppose I could have stayed home and baked cookies and had teas.

— 힐러리 클린턴Hillary Clinton(1947~) 미국 제67대 국무장관

나는 차로 인해 얻는 잠깐의 휴식을 좋아한다.

I like the pause that tea allows.

— 와리스 알루와리아Waris Singh Ahluwalia(1975~)
인도, 배우 겸 디자이너

나는 차와 요가를 좋아하지만, 요가는 하지 않는다.

I like tea and yoga, but I do yoga.

— 모비Moby(1965~) 미국, 음악가 겸 동물권리운동가

나는 파티를 좋아한다. 내 파티는 집에 앉아 차를 마시는 것이다.

I like to party and by party I mean sit at home and drink tea.

— 작자 미상

나는 항상 나의 창작이 티타임 전에 끝나는 것을 두려워한다.

I always fear that creation will expire before teatime.

— 시드니 스미스Sydney Smith(1771~1845) 영국, 작가 겸 성직자

나는 항상 정확히 8시에 아침 식사를 하고 9시에는 내 책상에 가서 1시까지 읽거나 쓰기를 선택했다. 열한 시쯤에 나에게 좋은 차나 커피 한 잔을 가져다줄 수 있다면 더할 나위 없이 좋다.

I would choose always to breakfast at exactly eight and to be at my desk by nine, there to read or write till one. If a cup of good tea or coffee could be brought to me about eleven, so much the better.

— C. S. 루이스Clive Staples Lewis(1898~1963) 영국, 작가

나는 항상 차가 비교적 단순한 음료라고 생각했습니다. 물론 영국인들은 동의할 수 없을 것입니다. 개인이 특정한 차를 선호하는 것은 평생 이어질 것입니다. 여기에 날카로운 선이 그려집니다. "차 어떻게 드세요?"라는 말은 아마도 영국인의 언어 중에서 가장 어려운 질문일 것입니다. 우유를 넣으세요? 안 넣으세요? 설탕을 넣으세요? 안 넣으세요? 얼마나 오래 차를 우릴까

요? 당신이 이 모든 전쟁에서 전면전을 할 준비가 되어 있지 않다면, 물을 따르기 전이나 후에 우유를 넣을지 묻는 것에 대해서는 생각조차 하지 마십시오. 왜냐하면 당신은 수 세기 동안 계급과 지역에 따라 이어진 쓰라린 논쟁에 끌려갈 것이기 때문입니다. 어쨌든 미국인인 당신의 의견은 중요하지 않습니다.

I'd always considered tea a relatively simple beverage. The British, of course, could not disagree more. An individual's particular tea preference is a lifelong commitment. Sharp lines are drawn. "How do you take your tea?" is perhaps the most loaded question in the British language. Milk or no milk? Sugar or no sugar? How long to steep? And unless you're ready for all out war, don't even think about asking whether the milk should be added before or after the water because you'll be dragged into a bitter dispute drawn along age-old lines of class and region, and as an American, your opinion won't count anyway.

— 제시카 팬Jessica Pan, 싱가포르, 교수

나라의 은혜에 보답하지도 못한 무능한 늙은 서생이,
차 마시는 버릇만 들어 세상일에 뜻을 잃는구나, 눈 내
리는 밤 재실에 홀로 누워, 돌솥에 차 끓는 소리만 사랑
하더라.

報國無効老書生　喫茶成癖無世情　幽齊獨臥風雪夜　愛聽石鼎
松風聲

— 정몽주鄭夢周(1337~1392) 고려, 문신

나에게 있어서 차 없이 하루를 시작하게 된다면 정상
적인 상태가 아닌 하루가 될 것이다.

For me starting the day without a pot of tea would be a day
forever out of kilter.

— 빌 드라먼트, 영국, 아티스트

내가 산책에서 돌아오는 시간과 차가 준비되는 시간은
정확히 일치해야 하며, 4시 15분보다 늦어서는 안 된다.

The return from the walk, and the arrival of tea, should be
exactly coincident, and not later than a quarter past four.

— C. S. 루이스Clive Staples Lewis(1898~1963) 영국, 작가

내가 아무리 중국 음료의 다양한 미덕을 공정하게 설명하여도 사람들은 때때로 너무 쉽고 품위 없게 차에 설탕을 넣어 마시기 때문에 그 미덕을 누리지 못한다. 솔직히 고백하건대 설탕과 함께 차를 마시는 것은, 이 대단한 친구인, 차의 폐와 신장 기능에 도움을 주는 효능을 감소시키는 것이 사실이다.

Yet some will urge that although these virtues which I have mention'd may be fairly attributed to the china liquor, yet are they sometimes obstructed by the use of that sugar which is commonly mix'd with it. And this indeed, I must confess may somewhat abate the efficacy of it in some operations: yet this advantage it produces. In benefiting of the lungs and reins(kidneys): to which it is a mighty friend.

— 존 오빙턴John Ovington(1653~1731) 영국, 사제

내 무릎 위에 있는 당신을 상상하죠
우리 둘만의 차, 차를 위한 우리 둘
당신을 위한 나, 나만을 위한 당신
주위에 아무도 없이, 아무도 우리를 듣거나 보지 못하죠
주말 휴가엔 친구도 친척도 필요 없어요
우리는 전화기가 있다는 것도 잊을 거예요, 내 사랑
날이 밝으면 당신은 잠에서 깨어 케이크를 구울 거예요
모두가 볼 수 있게끔 나만을 위한 슈가 케이크
우리는 가족이 될 거예요, 당신을 위한 아들, 나를 위
한 딸
우리가 얼마나 행복할지 그려지지 않나요?

Picture you upon my knee

Just tea for two and two for tea

Just me for you and you for me, alone

Nobody near us, to see us or hear us

No friends or relations on weekend vacations

We won't have it known, dear, that we have a telephone, dear

Day will break and you'll awake and start to bake

A sugar cake for me to take for all the boys to see

We will raise a family, a boy for you, a girl for me

Oh, can't you see how happy we would be?

— 어빙 캐사Irving Caesar(1895~1996) 미국, 작가

내 하루의 빛나는 순간 중 하나는 오후 산책에서 조금 지쳐 돌아와 부츠를 슬리퍼로, 야외 코트를 쉽고 친숙하고 초라한 재킷으로 갈아입고, 깊고 부드러운 팔걸이의자에 앉아서, 찻잔을 기다리는 시간이다…. 서재에 스며드는 부드러운 차향이 마침내 다관의 모습을 드러내면 얼마나 맛있는지! 쌀쌀한 비를 맞고 산책을 한 후 차를 마시면 얼마나 빛을 발할까!

One of the shining moments of my day is that when, having returned a little weary from an afternoon walk, I exchange boots for slippers, out-of-doors coat for easy, familiar, shabby jacket, and, in my deep, soft-elbowed chair, await the tea-tray…. [H]ow delicious is the soft yet penetrating odour which floats into my study, with the appearance of the teapot…! What a glow does it bring after a walk in chilly rain!

— 조지 기싱George Gissing(1857~1903) 영국, 작가

노인이 차를 마시고 신문을 읽는다. 그 잠깐의 시간 동안 노인은 나이를 잊는다.

An old man drinks tea and reads the newspaper- forgetting age for a moment.

— 메이슨 쿨리Mason Cooley(1927~2002) 미국, 격언가

누군가를 위해 차 한 잔을 만드는 것은, "나는 당신을 걱정합니다. 내가 당신을 위해 만든 이 뜨겁고 부드러운 액체를 당신이 좋아하는 방식으로 드시기를 바랍니다."라고 말하는 방법이 될 수 있습니다. 룸메이트와 말다툼을 한 적이 있다면 차 한 잔을 주겠다고 제안하십시오. 그들이 수락하면 이제 모든 것이 좋아집니다. 나아가 차를 대접하는 것은 문제를 직접적으로 얘기하지 않고 사과하는 좋은 방법입니다. 이는 어쨌든 가장 영국적인 방식입니다.

Making a cup of tea for someone can be a way of saying, "I care about you. Have this hot bland liquid that I made for you just the way you like it." If you've had an argument with a roommate, offer to make them a cup of tea -- if they accept, everything is okay now. This is also a great way to apologize without directly addressing the issue, which is the most British thing you could be doing anyway.

— 제시카 팬Jessica Pan, 싱가포르, 교수

눈 녹인 물로 차 달이니 녹유綠乳가 넘쳐나고, 창에 비친 매화는 거문고와 어울리네

雪水烹茶漲綠雪 梅牕日映對桐君

— 정극인丁克仁(1401~1481) 조선, 문인

늙어 병드니 갈증만 많아지고, 때로는 상쾌함 차와 같은 것 없어. 새벽이면 차디찬 샘물 길어, 돌솥에 좋은 차 한가로이 달인다.

衰病年來渴轉多 有時快意不如茶 淸晨爲汲寒泉水 石鼎閑烹金露芽

— 서거정徐居正(1420~1488) 조선, 학자

늙어서 글은 쓰지 않으면서 술잔과 찻잔만은 옆에 두며 웃는다네.

自笑老來休筆硏 酒杯茶盞只能持

— 김상헌金尙憲(1570~1652) 조선, 문신

늙었지만 내 손으로 샘물 뜰 수 있으니, 차 한 사발 그것이 곧 참선이라네

雖老猶堪手波泉 一甌卽是參禪始

— 이규보李奎報(1168~1241) 고려, 문신 겸 학자

늙을 때까지 차에 관해 공부한다고 하여도 차의 종류를 다 알 수 없을 것이다.

Even though one studies the tea industry until old age, one can never learn all the names of types of teas.

― 중국 속담

다당에 연기 다 하니 소나무 사립 고요하고, 맑은 샘 손수 길어 섬돌의 꽃을 적시네

茶鐺烟歇松扉靜　自酌淸泉澆砌花

― 김이안金履安(1755~1845) 조선, 문신

다례에는 수년간의 훈련과 연습이 필요하다.
하지만 디테일에 있어서 이 예술 전체는 한 잔의 차를 만들어 내놓는 것 이상의 그 무엇도 나타내지는 않는다.
가장 중요한 문제는 가능한 한 그 행위가 가장 완벽하고, 가장 품위 있고, 가장 기품 있고, 가장 매력적인 자태로 이루어져야 한다는 것이다.

― 라프카디오 헌Lafcadio Hearn(1850~1904) 그리스, 작가

[다회]는 삶을 축하하는 다른 방법이다. 물은 적절한 단계를 거쳐서 끓여야 한다. 차는 우리기 전에 맛을 보고 테스트를 거쳐야 한다… 차의 채다 시기, 찻물의 장소, 차를 함께 마시자고 초대한 사람이 매우 중요하다.

(The tea ceremony) is just another way of celebrating another act of living. The water must be boiled so that it goes through the appropriate stages. The tea must be tasted and tested before it is selected for steeping…When the tea is plucked, where the water is chosen, who is invited to share the tea are of enormous importance.

— 프랜시스 로스 카펜터Francis Ross Carpenter(1879~1953) 미국, 작가

달걀색 차호는 천하제일인데
새 차를 달여 번뇌를 씻는다
깊은 밤 불피워 찻물 끓이니
바다의 파도 소리 듣는 듯하다

— 이상적李尙迪(1804~1865) 조선, 문신

당신이 세계 어느 곳을 가든 차가 있다면 집에 있는 것과 다름없을 것이다.

No matter where you are in the world, you are at home when tea is served.

— 에린 그레이Erin Gray(1950~) 미국, 배우

당신의 인생에 무슨 일이 있든지 항상 차를 대접하라.

No matter what is happening in your life, you always offer tea.

— 클레만틴 와마리야Clemantine Wamariya(1988~)
미국, 작가 겸 인권운동가

더러워지고 고치는 걸 좋아하는 사람들이 있다. 그들은 새벽에 커피를 마시고, 일이 끝나면 맥주를 마신다. 또한 자신의 손을 더럽히지 않고 주어진 환경에 감사하고 사는 사람들이 있다. 그들은 아침에는 우유를 마시고 밤에는 주스를 마신다. 그리고 이 두 가지 일을 다하는 사람들이 있다. 그들은 차를 마신다.

There are those who love to get dirty and fix things. They drink coffee at dawn, beer after work. And those who stay clean, just appreciate things. At breakfast they have milk and juice at night. There are those who do both, they drink tea.

— 개리 스나이더Gary Snyder(1930~) 미국, 시인 겸 여행작가

돌 솥에 새 차 달이니 탕관에 푸른 안개 피네

石鼎沸新茶 金爐生碧煙

— 김시습金時習(1435~1493) 조선, 문인 겸 학자

돌 솥에 차가 끓기 시작하니 풍로에 불이 빨갛다. 물과 불은 천지의 작용이니 이것을 보노라면 뜻이 무궁하구나.

石鼎湯初沸　風爐火發紅　墳離天地用　卽此意無窮

— 정몽주鄭夢周(1337~1392) 고려, 문신

또 다른 티타임, 하루 더 늙었구나.

Another tea-time, another day older.

— 이언 앤더슨Ian Anderson(1947~) 영국, 가수

둘을 위한 차, 차를 위한 둘, 너를 위한 나, 나를 위한 너.

Tea for two, and two for tea, me for you, and you for me.

— 어빙 캐사Irving Caesar(1895~1996) 미국, 작가

뜨거운 목욕과 차 한 잔으로 해결되지 않는 문제는 세상에 없다.

There is no problem on earth that can't be ameliorated by a hot bath and a cup of tea.

— 재스퍼 포드Jasper Forde(1961~) 영국, 작가

마시고 난 찻사발 베개 삼아 누우니, 펄펄 나는 새 그림자 창을 자주 지나네

啜罷茶甌仍命枕 翩翩鳥影度窓頻

— 임상원任相元(1638~1697) 조선, 문신

마실거리인 차는 많은 나라의 예술가나 조각가의 영감의 원천이었다.

Tea as a drink has been a source of inspiration to artists and sculptors in many land.

— 윌리엄 H. 우커스William H. Ukers(1873~1945) 미국, 작가 겸 저널리스트

마음속에서 시계를 지워내고 맛있는 차와 약간의 음식
과 사려가 깊은 대화를 즐길 때, 함께 마시는 차 덕분에
친밀한 분위기가 더욱 무르익는다.

— 엘 그레코티 Greco(1541~1614) 그리스, 화가

　만국의 도성은 개미집 같고,
　천가의 호걸은 초벌레 같구나
　달 밝은 밤에 청허의 베개를 베고 누우니,
　차 끓이는 소리만이 하염없이 들리네

萬國都城如蟻塚　千家豪傑若醯鷄　一窓明月淸虛枕　無限松風
韻不齊

— 서산西山(1520~1604) 조선, 승려 겸 승장

　만나서 인사하면 바로 차를 낸다.

皆叩頭恭順 茶行數巡

— 박지원朴趾源(1737~1805) 조선, 작가

　메마른 창자는 저절로 햇차 맛 좋아한다.

枯腸自嗜金芽味

— 권벽權擘(1520~1593) 조선, 문신

몇 시간 후 소녀가 돌아왔을 때 그녀는 쟁반을 들고 있었고 그 위에 김이 나는 향기로운 차 한 잔이 있었습니다. 그리고 매우 뜨겁고, 두껍게 잘 구워진 버터 토스트가 쌓여 있는 접시가 있었습니다. 버터 토스트 냄새, 확실한 목소리로 따뜻한 부엌 이야기, 서리가 내린 밝은 아침의 아침 식사, 바쁜 나날이 끝나고 미끄러운 발을 흙받기에 얹은 겨울 저녁의 아늑한 응접실 난로, 만족한 고양이의 웅얼거림, 졸린 카나리아의 지저귐을 이야기하는 듯했습니다.

When the girl returned, some hours later, she carried a tray, with a cup of fragrant tea steaming on it; and a plate piled up with very hot buttered toast, cut thick, very brown on both sides. The smell of that buttered toast simply talked to Toad, and with no uncertain voice; talked of warm kitchens, of breakfasts on bright frosty mornings, of cosy parlour firesides on winter evenings, when one's ramble was over and slippered feet were propped on the fender, of the purring of contented cats, and the twitter of sleepy canaries.

— 케네스 그레이엄Kenneth Grahame(1859~1932) 영국, 작가

모든 과일 중에서 망고가 최고다. 모든 고기 중에서 돼지고기가 최고다. 그리고 잎사귀 중에서 라펫(차)이 최고다.

Of all the fruit, the mango's the best; of all the meat, the pork's the best; and of all the leaves, lahpet's the best.

— 미얀마 속담

미얀마 사람들은 모든 과일 중에서 망고Mango가 제일 맛있는 과일이라고 말한다. 그럴 수도 있는 것이, 망고에는 일명 행복 호르몬이라고 일컫는 tryptophan(Trp)이 많이 함유된 것으로 알려져 있으며 돼지고기와 라펫은 미얀마의 전통적 식문화에서 비롯한 것이다. 라펫은 발효시킨 절인 차를 의미하는데, 미얀마의 전통적인 환대 음식으로 손님이 방문하면 먼저 라펫으로 환영의 뜻을 표한다.

미얀마의 전통 음식으로 발효시킨 절인 차(라펫)으로 만든 샐러드

모든 사람이 끊임없이 바쁘고 시간이 부족한 시대에, 한때 일상생활의 일부였지만 이제는 사치품이 된 애프터눈 티를 즐기는 것보다 더 즐거운 일이 있을 수 있을까?

In an age when everyone is constantly busy and short of time, what could be more enjoyable than taking time to indulge in what was once part of everyday life, but has now become a luxury — afternoon tea.

— 레슬리 맥클리Lesley Mackley(1917~1981) 오스트레일리아, 철학자

무덤에 묻혀있는 우리는 모두 구원받았다. 애프터눈 티 시간에 만나자.

Everyone's saved, we're in the grave. See you there for afternoon tea.

— 제스로 툴Jethro Tull, 영국 록 밴드의 노래 가사 중

무엇이 좋은 차인지를 결정하는 데에는, 좋은 사람의 조건처럼 많은 요인이 작용한다.

So many factors go into deciding what good tea is -- like what makes a good person.

— 제이 리J. Lee, 미국, 배우

물방앗간 바람 소리는 봄의 운치이고, 차솥에 비친 달
은 흩어져 사라지네

水碓風春韻 茶鐺月散華

— 이원李黿(?~1504) 조선, 문인

물은 민강의 것, 그 맑게 흐르는 물을 뜨고
다기는 동쪽 지역에서 나는 도기로 잘 가려서 하고
표주박으로 찻잔을 삼는 건 옛 조상들이 하던 그대로
이고
바야흐로 첫 탕을 달이니, 가루는 가라앉고 탕화湯花는
떠올라
빛나기가 흰 눈 같고, 환하기가 봄꽃 같네

水則岷方之注 把彼淸流

器擇陶簡 出自東隅

酌之以匏 取式公劉

惟兹初成 沫沈華浮

煥如積雪 曄若春敷

— 두육杜育(~311) 서진, 문신

물은 산물을 씀이 으뜸이고 강물이 중, 우물물은 하품이다. 산수는 유천과 돌길 더디 흐르는 것이 상품이고, 폭포, 솟구친 물, 여울물, 세찬 물은 마시면 안 된다. 그런 물을 오래 마시면 사람에게 목병이 나게 한다. 또 산골짜기에 많은 지류 가운데 맑게 고여 흐르지 않는 물은 여름부터 가을까지 물속에 잠룡이 싸여 독이 되기도 한다. 이 물을 마시려면 먼저 나쁜 것을 흘려보내고 새로운 물이 잘 흐르게 한 후 마셔야 한다. 강물은 사람들이 사는 곳에서 멀리 떨어진 곳에서 취하고 우물물은 길어가는 사람이 많은 곳을 취한다.

其水, 用山水上, 江水中, 井水下. 其山水, 揀乳泉, 石池慢流者上; 其瀑涌湍漱, 勿食之, 久食令人有頸疾. 又多別流於山谷者, 澄浸不洩, 自火天至霜郊以前, 或潛龍蓄毒於其間, 飮毒可决之, 以流其惡, 使新泉涓涓然,酌之. 其江水取去人遠者, 井水取扱多者.

— 육우陸羽(733~804) 당나라, 문인

바다 위에 뜬 달 얼굴에 환히 비추고,
성긴 머리카락 바람에 날리네
차 석 잔 기울이고 보니,
종소리 온 세상에 울려 퍼지네.

海月照顔白　天風吹髮疎

茶傾三椀後　鍾動九街初

— 정약용丁若鏞(1762~1836) 조선, 문신 겸 실학자

밤의 어둠 속에서 화재나 전쟁, 흑사병이 닥치면 내 아이들을 구하고, 그다음에는 아내를, 그다음에는 찻상자와 주전자를 구하겠습니다. 이것으로 나는 아주 만족스럽게 살 수 있습니다. 내 재산에는 다른 것이 필요하지 않습니다.

Should trouble come, in the dark of night, be it fire or war or black plague, save my children, then my wife, then my tea chest and kettle. With these I can live, quite contentedly. I need nothing else on my estates.

— 버나드-폴 헤루Bernard-Paul Heroux, 스페인, 철학자

방을 페인트로 칠해주세요. 많은 책 그림을 그려주세요. 나아가 나에게 좋은 벽난로도 그려주세요. 벽난로 옆에는 차 탁자를 그려주세요. 차 트레이에 찻잔 두 개와 접시만 그려주세요. 만약 당신이 상징적으로든 다른 방식으로든 그리는 법을 안다면 과거와 미래에도 영원한 다관을 그려주세요. 나는 보통 밤 8시부터 새벽 4시까지 차를 마십니다. 나는 직접 차를 끓이는 것도, 스스로 차를 따르는 것도 너무 싫으니, 식탁에 앉아 있는 사랑스러운 젊은 여성을 그려주세요.

Paint me a room. Make it populous with books; and, furthermore, paint me a good fire. And near the fire paint me a tea-table; and place only two cups and saucers on the tea-tray; and, if you know how to paint such a thing, symbolically or otherwise, paint me an eternal teapot—eternal a parte ante, and a parte post; for I usually drink tea from eight o'clock at night to four in the morning. And, as it is very unpleasant to make tea, or to pour it out for one's-self, paint me a lovely young woman sitting at the table.

— 토마스 드 퀸시Thomas De Quincey(1785~1859) 영국, 작가 겸 평론가

백만장자라 할지라도 갓 구워낸 빵과 진짜 버터, 그리
고 꿀을 넣은 차보다 더 좋은 것을 먹지는 못한다.

I shouldn't think even millionaires could eat anything nicer
than new bread and real butter and honey for tea.

— 도디 스미스Dodie Smith(1896~1990) 영국, 작가

백운은 옛 벗이요 명월은 내 생애라
깊은 산 속에서 사람을 만나면 차를 권하지요

白雲爲故舊　明月是生涯
萬壑千峰裏　達人卽勸茶

— 서산西山(1520~1604) 조선, 승려 겸 승장

보글보글 물 끓는 차 단지
하얀 김 내보내는 동안
흥분하지 않고 차분히 기다리는 찻잔들
우리에게 평온한 저녁 선물하네

And, while the bubbling and loud hissing urn

Throws up a steamy column, and the cups

That cheer but not inebriate, wait on each

So let us welcome peaceful evening in

— 윌리엄 카우퍼William Cowper(1731~1800) 영국, 작가

봄의 찻사발은 세속 마음 씻어 내고, 뜰의 깨끗한 눈빛은 흐린 안목 밝게 하네

春茶甌試塵襟爽 野雪光凝病眼明

— 임형수林亨秀(1514~1547) 조선, 문신

봄철에는 특히 녹차를 즐긴다.
이 밝고 부드러운 차는 클로버에 맺힌 이슬을 생각나게 하는 향이 있다.
가볍게 기분을 돋우는 맛이 있어 봄기운 도는 햇빛 같다.
녹차에 재스민, 오렌지나 장미꽃이 함께 채워지면, 봄의 모든 향기가 잔에 녹아 있는 것 같다.

— 수잔 휠러Susan Wheeler(1955~) 미국, 교육자 겸 작가
— 폴 코르테피터Paul Kortepeter(1959~) 미국, 교육자 겸 작가

분명, 멋진 여성은 차를 만들 때 이상으로 예뻐 보일 때가 없다.

Surely a pretty woman never looks prettier than when making tea.

— 메리 엘리자베스 브래든Mary Elizabeth Braddon(1835~1915)
영국, 작가

비 오는 날에는 집에서 차와 좋은 책 한 권으로 보내야지.

Rainy days should be spent at home with a cup of tea and a good book.

— 빌 워터슨Bill Watterson(1958~) 미국, 만화가

사람에게 차가 없다면 진실과 아름다움을 이해할 수 없을 것이다.

If man has no tea in him, he is incapable of understanding truth and beauty.

— 일본 속담

사람이 떠나자 차가 식는다

人走茶(就)凉

— 중국 속담

산마루의 구름은 한가히 떠 있는데 골짜기 물은 어찌 바삐 흐르나 소나무 아래 솔방울 따서 차를 달이니 맛이 더욱 향기롭다.

嶺雲閑不徹 潤水走何忙 松下摘松子 烹茶愈香

— 진각眞覺(1178~1234) 고려, 승려

산은 산이요 물은 물이니
어느 것이 옳으며 어느 것이 그른가?
달은 하늘가에 오르고 꽃은 골짜기에 피었네
밤은 삼경이요 향은 백천이니
차 한 잔 잘 마실지어다.

山是山　水是水

何者是　何者非

月到天　花開谷

夜三更　香百千

好喫一椀茶

— 경봉鏡峰(1892~1982) 한국, 승려

삼일 소금이 없을지언정 하루 차가 없으면 안 된다.

寧可三日無鹽,　不可一日無茶

— 중국 속담

생애를 뒤돌아보면 별 물건 없나니, 다만 한 잔의 차
와 한 권의 경책뿐이다.

— 부휴浮休(1543~1615) 조선 승려

석 잔 마시고 구름 베고 누우니 참 좋아
이제야 산수와 나 사이 인연 같다네

三盃一笑臥雲邊　山水吾今却有緣

— 윤봉구尹鳳九(1683~1767) 조선, 문신

선생님, 저는 선생님의 포도주잔을 세지 않았는데 왜
선생님은 내 찻잔을 세어 봅니까?

Sir, I did not count your glasses of wine, why should you
number up my cups of tea?

— 제임스 보스웰James Boswell(1740~1795) 영국, 변호사 겸 작가

성급한 사람은 차를 포크로 마신다.

A hasty man drinks his tea with a fork.

— 중국 속담

세상 밖에 구름자리 옮겨 놓고, 차 달이는 옆에서 물
끓는 소리 듣는다네

塵外雲移席　茶邊水響空

— 이호민李好閔(1553~1634) 조선, 문신

세월 보내며 늙는 데는 많은 책이 좋고, 창자를 적시는 데는 차 한 잔일세

送老書千卷 澆腸茗一杯

— 김상용金尙容(1561~1637) 조선, 문인

속도를 줄이고 인생의 순간을 즐기세요.

Slow down and savor life's moment.

— 루 앤 판눈치오Lu Ann Pannunzio, 캐나다, 작가

손님에게는 존중하는 마음으로 차를 대접하여라.

Out of respect to our guests, we serve them tea.

— 중국 속담

손님의 마음이 되어 주인이 되고, 주인의 마음이 되어 손님을 맞이하여라.

客の心になりて亭主せよ. 亭主の心になりて客いたせ.

— 마츠히라 후마이松平不昧(1751~1818) 일본, 차인

솔바람 소리는 사람의 귀를 맑게 해주고
시냇물 소리는 꿈을 꾸게하네
제를 지낸 뒤 한 잔 차를 마시니
아침 저녁으로 풍월이 함께하네

松韻淸人耳　溪聲惑夢魂

齋餘茶一碗　風月共朝昏

— 정관일선靜觀一禪(1533~1608) 조선, 승려

솥 속의 감미로운 차가 황금을 천하게 하고, 소나무
아래 띠 집이 벼슬아치 붉은 관복의 술띠를 가치 없게
하네

鼎中甘茗黃金踐 松下茅齋紫綬輕

— 김시습金時習(1435~1493) 조선, 문인 겸 학자

술 한 잔 차 석 잔에 기가 평온해진다.

一杯三椀氣淳和

— 이의현李宜顯(1669~1745) 조선, 문신

쓴 차는 오래 마시기에 좋다.

Bitter tea is good for you to drink for a long time.

— 중국 속담

시골집에 도착하자마자 마시는 차 한 잔은 내가 특히 즐기는 규칙이다. 나는 딱딱거리는 통나무, 그늘진 조명, 버터 바른 토스트의 향기, 여유로운 아늑함의 분위기를 좋아한다.

The cup of tea on arrival at a country house is a thing which, as a rule, I particularly enjoy. I like the crackling logs, the shaded lights, the scent of buttered toast, the general atmosphere of leisured cosiness.

— P. G. 우드하우스Pelham Grenville Wodehouse(1881~1975)
영국 만화 작가

시 겨루며 술 많이 마시는 것 옳지 않아
흥이 지나치면 병이 되니 어이하리
가장 좋은 것은 문 닫고 한가로이 앉아
눈물로 차 달이며 물 끓는 소리 듣는 것이라네.

詩無較勝酌無多 興盡其如病作何

最好閉門閒坐處 茶煎雪水聽濤波

— 이단하李端夏(1625~1689) 조선, 문신

신묘한 때에 물이 흐르고 꽃이 피며, 좌선하는 곳에는 차가 끓고 향기가 피어난다.

妙用時水流花開 燕坐處茶半香初

— 정학교丁學敎(1832~1914) 조선, 서화가

아마도 여가를 즐기는 가장 중요한 일은 차를 마시는 것일 것이다.

Perhaps it is while drinking tea that I most of all enjoy the sense of leisure

— 조지 기싱George Gissing(1857~1903) 영국, 작가

아무도 당신에게 완벽한 차를 만드는 방법을 가르쳐 줄 수 없다. 시간이 흐르면 저절로 깨닫게 된다.

Nobody can teach you how to make the perfect cup of tea. It just happens over time.

— 질 듀플렉스Jill Dupleix, 오스트레일리아, 음식 칼럼니스트 겸 작가

아이스티는, 얼음과 더운 날씨가 교차하는 순간에 발명되지 않았다고 하기에는 너무 순수하고 자연스러운 창조물이다.

Iced tea is too pure and natural a creation not to have been invented as soon as tea, ice, and hot weather crossed paths

— 존 에저튼John Egerton(1935~2013) 미국, 저널리스트

아침을 상쾌하게 하는 데 갓 끓인 차 한 잔만큼 좋은 것은 없다.

There is nothing quite like a freshly brewed pot of tea to get you going in the morning.

— 필리스 로건Phyllis Logan(1956~) 영국, 영화배우

애프터눈 티라고 알려진 의식에 전념하는 시간보다 더 유쾌한 시간은 인생에서 거의 찾아볼 수 없다.

There are few hours in life more agreeable than the hour dedicated to the ceremony known as afternoon tea.

— 헨리 제임스Henry James(1843~1916) 미국, 작가

어떤 나이나 어떤 체질에도 언제나 잘 맞는다.

It agrees at all times with any age and constitution

— 루이 레마리Louis Lémery(1677~1743) 프랑스, 식물학자

여자가 아침 식사를 위해서도 미리 계획을 세우는 것처럼,
아무런 계획이 없이 차를 마시지 말아라.

For her own breakfast she'll project a scheme,

Nor take her tea without a stratagem.

— 에드워드 영Edward Young(1683~1765) 영국, 시인

여자는 티백과 같아서 뜨거운 물에 담가보기 전까지는 그 강인함을 모른다.

A woman is like a tea bag; you never know how strng it is until it's in hot water.

— 엘리너 루스벨트Eleanor Roosevelt(1884~1962) 미국, 제32대 대통령인 프랭클린 D. 루스벨트 전 대통령의 부인

예로부터 중국인은 차를 우릴 때, 어떤 청결한 다구를 사용하든지 간에 첫 잔은 버린다. "첫 한 잔은 당신의 적에게"라는 속담이 있을 정도이다.

昔から中國人は茶を淹れるとき，とんな淸潔な茶具を使おうとも，最初の一杯は捨てる. "最初の一杯はあなたの敵に"という諺があるほどた.

— 사라 로즈Sarah Rose(1974~) 영국, 작가 겸 저널리스트

예부터 성현들은 모두 차를 좋아하였나니, 차는 군자와 같아서 성품에 삿됨이 없어서라오

古來賢聖俱愛茶 茶如君子性無邪

— 김명희金命喜(1788~1857) 조선, 문신

영국 사람들에게 차는 집에서 즐기는 소풍과 같은 것이다.

Tea to the English is really a picnic indoors.

— 앨리스 워커Alice Walker(1944~) 미국, 작가 겸 사회운동가

영국인의 가정생활에 대한 천재성은 애프터눈 티 축제(거의 축제라고 부를 수 있음)를 제도화한 것만큼 대단한 일은 없을 것이다. 소박한 지붕 아래에서 차를 마시는 시간에는 신성함이 있다. 가사 노동과 걱정의 끝, 편안하고 사교적인 저녁의 시작을 의미하기 때문이다. 찻잔과 잔 받침, 이 작은 조각이 마음을 행복한 안식으로 안내한다.

In nothing is the English genius for domesticity more notably declared than in the institution of this festival—almost one may call it so—of afternoon tea. Beneath simple roofs, the hour of tea has something in it of sacred; for it marks the end of domestic work and worry, the beginning of restful, sociable evening. The mere chink of cups and saucers tunes the mind to happy repose.

— 조지 기싱George Gissing(1857~1903) 영국, 작가

--오! 나에게 지금 소망이 있다면, 그것은 꼭 당신에게 중국 접시를 만드는 방법을 배우고 싶다는 것입니다.

---Oh! had I now my wishes, sure you should learn to make their China dishes.

— 토마스 코리야트Thomas Coryate(1577~1617) 영국, 여행작가

오늘 밤 보스턴 항은 다관이다.

Boston Harbour a teapot tonight.

— 보스턴 차회Boston Tea party의 군중 구호

영국의 국력이 한창일 때 그의 식민지하에 있던 미국을 독립 국가로 변환시킨 세계사적 계기가된 사건이 차로 인하여 일어났었다. 즉 보스턴 차회 사건Boston Tea party이다.

영불 간의 7년 전쟁으로 인한 국가 재정 악화와 세계 각처에 널려있는 식민지 통치 자금에 어려움이 닥치자 이를 충당하기 위하여 1765년 인지조례Stamp Act에 이어 1767년에는 타운젠드법Townshend Act을 만들어 차에 세금을 과하게되자 존 핸콕John Hancock을 중심으로 영국 동인도회사의 중국산 홍차에 대하여 불매운동이 일기 시작하였다. "대표 없는 세금은 없다No taxation without representation"는 주장을 앞세운 것이다. 그 여파로 동인도 회사 산 홍차 판매량은 320,000파운드에서 520 파운드로 급감함에 따라 동인도회사의 적자 폭은 대폭 불어나 창고에는 언제 출고될지도 모를 차가 쌓여갔다. 영국 정부는 그 타개책으로 1773년 5월 10일 동인도회사가 식민지에서 관세 없이 직접 차를 판매할 수 있도록 차법Tea Act을 제정하였다. 그럼으로써 식민지 상인이나 밀수업자보다 더 유리한 가격과 입장에서 판매할 수 있게 됨에 따라 식민지 상인과 밀수업자들은 파산 위기에 몰리게 되었다.

이와 같은 정황하에서 동인도회사 창고에 쌓여 있던 차를 실은 다트머스호를 비롯한 3척의 상선이 보스턴 항 그리핀스 부두 Griffins Wharf에 입항하였다. 배에 실린 차는 미국 수입업자를 통

보스턴 차회 사건을 그린 그림(W. D Cooper 작)

해서 위탁 판매하게 될 것이라는 소문이 파다하게 퍼지자 하수인의 창고를 불태우는 소요가 일어나고 동시에 정박 중인 상선들이 런던으로 돌아가 주기를 권유하였으나 불응함으로 1773년 12월 16일 "오늘 밤 보스턴 항은 다관이다Boston Harbour a teapot tonight!"라는 구호를 외치며 모호크 인디언으로 변장한 자유의 아들들Sons of liberty이 배에 올라타 싣고 온 차 상자를 모두 바다에 내던져 버렸다.

이상의 사건을 보스턴 차회 사건이라고 하는데 그 후 이와 유사한 사건이 여러 곳에서 일어나고 반영감정이 극에 달한 1775년에는 보스턴 교외에서 영국군과 무력 충돌이 일어나게 되었는데 이것이 도화선이 되어 미국 독립운동으로 발전하게 되었다. 불공정한 정치와 세제로 인해서 영국은 귀중한 식민지를 잃은 것이다.

오늘은 앉아서 한 모금, 세상사를 잠시 잊고, 할 일을 무시하고, 한두 잔만 즐기고 싶다.

Today I'd like to sit and sip, forget about the world a bit, Ignore the things I have to do, and just enjoy a cup or two.

— 헨리 필딩Henry Fielding(1707~1754) 영국, 극작가

와서 차 한 잔 함께 하시죠. 저의 집은 따뜻하고 저의 우정은 자유롭습니다.

Come and share a pot of tea. My home is warm and my friendship is free.

— 작자 미상

완전한 한 잔의 홍차, 밀크를 먼저 넣자.

How to make a perfect cuppa: put milk in first.

— 『더 가디언The Guardian』 영국 일간지

1870년대부터 영국에서는 홍차에 밀크를 넣어 마시는 풍습이 유행하면서 밀크티를 우릴 때 찻잔에 밀크를 먼저 부어야 하느냐(MIF, milk in first) 아니면 홍차를 먼저 부어야 하느냐(MIA, milk in after 또는 TIF, tea in first)를 두고 논쟁이 일기 시작하였는데 작가이자 시사평론가인 조지 오웰George Orwell은 「좋은 차 한 잔A nice cup of tea」의 에세이 제 10항에서 "영국 어느 가정에

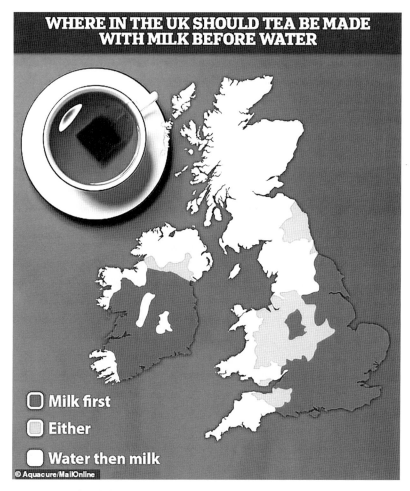

영국에서 꾸준한 논쟁거리가 되어 온 밀크와 홍차의 순서
(출처 : 데일리 메일 온라인)

서나 이 점에 대하여 두 파로 나누어져 있다고 말해도 좋을 것이
다. 밀크가 먼저라는 파에도 상당히 강력한 논거가 있으나 내 주
장으로는 반론의 여지가 없다. 즉 홍차를 먼저 부어 놓은 다음 밀
크를 부으면서 휘저으면 그 양을 정확하게 알 수 있으나 반대로
하게 되면 밀크를 너무 많이 부어 넣게 될 것이 아닌가?"라고 주
장한 것이 계기가 되어 홍차를 먼저 부은 다음 밀크를 넣는 풍습

이 영국뿐 아니라 세계 밀크티 애호가의 지표가 되어 왔으나 반대하는 사람들의 즉 MIF 주장 또한 사그라지지 않고 논쟁이 이어져 오던 2003년 6월 24일 조지 오웰 탄생 100주년을 기념하여 영국왕립화학협회RSC에서는 과학적으로 입증한 한 잔의 완벽한 홍차를 만드는 방법을 발표하였는데 "뜨거운 홍차에 밀크를 부으면 밀크는 갑자기 뜨거워져서 밀크에 함유된 단백질이 변하여 맛이 나빠진다. 그러나 밀크에 홍차를 조금씩 부으면 밀크의 온도도 조금씩 올라가게 되므로 단백질의 열변성熱變性은 일어나지 않는다."라고 하여 MIF 편에 손을 들어 주었다. 발표 다음 날인 6월 25일 자 영국 유력 일간지 「더 가디언The Guardian」은 "완벽한 한 잔의 홍차를 우리는 방법: 밀크를 먼저 넣자How to make a perfect cuppa: put milk in first"라는 제호를 달아 130여 년 동안 계속되어 온 기나긴 논쟁의 종식을 알렸다.

이로써 "내 주장에는 반론의 여지가 없다I maintain that my own argument is unanswerable" 던 오웰의 그토록 강경하고 집요했던 논리는 역사적 뒤안길로 사라지게 되었다.

이 밖에도 영국의 홍차를 에워싼 논쟁은 끊이질 않았다. 듣기에 따라서는 사치스러운 한낱 우스갯소리 같기도 하지만 논쟁을 통해서 차생활이 우리에게 더 친숙해지고 윤택하게 각색되어 온 것이다.

우리는 주전자를 가지고 있었네: 물이 새는 다관을.
우리가 그것을 수리하지 않아 더 망가졌네.
우리는 일주일 동안 차를 마시지 못했네.
바닥은 우주에서 벗어났네!

We had a kettle: we let it leak:

Our not repairing it made it worse.

We haven't had any tea for a week….

The bottom is out of the Universe!

— 러디어드 키플링Rudyard Kipling(1865~1936) 영국, 작가

우리 집 차를 마셨으니 너는 이제 남의 집 며느리가
되기는 다 틀렸다.

— 조설근曹雪芹(1724~1763) 청나라, 작가

중국 고전 소설의 정점으로 평가받는 『홍루몽紅樓夢』에 있는
말이다.

차나무는 옮겨 심지 못하는 것으로 알고 있던 시대의 이야기
이다. 옮겨 심지 못하는 나무의 특성처럼 출가하면 죽을 때까지
남편 곁에서 떠나지 않으며 재가도 하지 않는다는 의미로 혼례식
을 하기 전에 신랑 집에서 신붓집으로 채단采緞과 예장禮狀을 보
내는 봉채함封采函에 차 씨앗을 넣어 보냈었다. 당나라 이후 주로
절강성과 복건성 일대에 있던 풍습으로 일본과 미얀마에도 일부
지역에 전해 내려오고 있었으나 지금은 거의 사라졌다. 명나라

문인 허차서許次紓의 『다소茶疏』 고본考本의 일부를 소개한다.

차나무는 옮겨 심지 않는 본성이 있어   茶不移本

심을 때 반드시 종자라야 태어난다.   植必子生

옛사람은 혼처를 정하면   古人結婚

반드시 차로써 예를 표한다.   必以茶爲禮

이는 시집간 딸은 재가하지 않는다는 의미다

取其不移置子之意也

요즘 사람들이 혼례를 하차라 하는 것과 같다

今人猶名其禮曰下茶

옳고 그름의 세속 시비 모두 잊고서
술 익고 차 맑으니 온갖 근심 없다네.

桀非堯是兩相忘　酒熟茶淸百不憂

— 이광덕李匡德(1690~1748) 조선, 문신

음차는 손이 적어야 한다. 손이 많으면 시끄럽다. 시끄러우면 품차의 아취를 잃는다. 혼자서 마시면 신령스럽고 손과 둘이면 으뜸이며, 서넛이면 멋스럽고, 대여섯이면 들뜨며, 일고여덟이면 품차가 아니라 시차施茶라 한다.

飮茶以客少爲貴　客衆則喧　喧則雅趣乏矣　獨啜曰神　二客曰勝 三四曰趣　五六曰泛　七八曰施.

— 장원張源(156-1660) 명나라, 학자

이 삶의 모든 것과 마찬가지로, 이야기를 하는 것은 항상 차 한 잔으로 더 쉬워졌습니다.

The telling a story, like virtually everything in this life, was always made all the easier by a cup of tea.

— 알렉산더 맥콜 스미스Alexander McCall Smith(1948~)
영국, 법학자 겸 작가

이상적인 차 우리기는 최대한의 카페인을 추출하면서 과도하게 탄닌을 우려내지 않는 방법이다. 그와 같은 우리기는 좋은 맛과 향을 지니게 되는 것이다. 좋은 향과 맛은 주의 깊게 다리지 않으면 손쉽게 잃는다. 순간적인 부주의는 손쉽게 차의 섬세한 맛을 잃게 한다.

The ideal preparation of tea. then, is one which extracts a maximum of caffeine and a not excessive amount of tannin. such a preparation also conserves the aroma and favour-evanescent qualities easily lost by careless preparation.

— 윌리엄 H. 우커스William H. Ukers(1873~1945)
미국, 작가 겸 저널리스트

이 우주선에 차가 있나요?

Is there any tea on this spaceship?'

— 더글라스 애덤스Douglas Adams(1952~2001) 영국, 작가
『은하수를 여행하는 히치하이커를 위한 안내서』(1979) 중

이 음료는 천국에서 내린 가장 달콤한 이슬과 같다.

Its liquor is like the sweetest dew from Heaven.

— 육우陸羽(733~804) 당나라, 문인

**이제 불을 저으며 문을 빨리 닫고,
커튼을 내리고 소파를 돌려 동그랗게 만들고,
부글부글 끓고 시끄럽게 쉬쉬하는 찻주전자의
김이 모락모락 나는 기둥을 토해내고, 찻잔들을
그 환호는 취하지는 않았지만, 이 시간을 기다리면,
평화로운 저녁이 찾아오네.**

Now stir the fire, and close the shutters fast,

Let fall the curtains, wheel the sofa round,

And while the bubbling and loud-hissing urn

Throws up a steamy column, and the cups

That cheer but not inebriate, wait on each,

So let us welcome peaceful evening in.

— 윌리엄 카우퍼William Cowper(1731~1800) 영국, 작가

이 한 잔의 차는 옛날의 내 정을 드러낸 것이요

此一碗茶　露我昔年情

— 함허涵虛(1376~1433) 조선, 승려

인간이 차를 마시지 않으면 진실과 아름다움을 알 수 없다.

— 일본 속담

인생에서 가장 힘든 시간은 4시와 저녁 식사 사이이다. 이때 차 한 잔은 많은 위안과 행복을 더해준다.

The most trying hours in life are between four o'clock and the evening meal. A cup of tea at this time adds a lot of comfort and happiness.

— 로열 사무엘 코플랜드Royal Samuel Copeland(1868~1938)
미국, 의사 겸 정치가

인생에서, 오후의 차로 알려진 의례에 바친 시간보다 더 그럴듯한 시간이란 없다.

There are few hours in life more agreeable than the hour dedicated to the ceremony known as afternoon tea.

— 헨리 제임스Henry James(1843~1916) 미국, 작가

잊고 있던 차 한 잔을 찾아내는 엄청난 슬픔.

The overwhelming sorrow of finding a cup of tea you forgot about.

— 영국 속담

자, 차를 마시며 행복한 이야기를 계속합시다.

Come, let us have some tea and continue to talk about happy things.

— 차임 포톡Chaim Potok(1929~2002) 미국, 작가

작은 티파티를 했네
오늘 오후 3시에.
아주 작은---
모두 3명의 손님--
'나', '나 자신', 그리고 '나에게'이지.

샌드위치는 '나 자신'이 다 먹었고,
내가 차를 마시는 동안;
'나'는 파이도 먹었어.
그리고 케이크를 '나에게' 건넸지.

I had a little tea party

This afternoon at three.

'Twas very small--

Three guest in all--

Just I, myself and me.

Myself ate all the sandwiches,

While I drank up the tea;

'Twas also I who ate the pie

And passed the cake to me.

　　　　— 제시카 넬슨 노스Jessica Nelson North(1891~1988) 미국, 작가

저에게 차는 훌륭한 주제 중 하나입니다.

Tea, for me, is one of the great subject.

　　　　— 알렉산더 맥콜 스미스Alexander McCall Smith(1948~)
　　　　　　　　　　　　　　　　　영국, 법학자 겸 작가

종일토록 제호조가 처마를 돌며 가까이서 울지만, 주 인은 이미 술을 끊었으니 목마르면 맑은 차를 마신다네

終日提壺鳥　巡簷傍我鳴　主人曾斷酒　渴則飮茶淸

　　　　　　— 김수온金守溫(1409~1481) 조선, 문신

좋은 손님 못 가게 차를 권하네

莫遣佳人勸客茶

— 이명한李明漢(1595~1645) 조선, 문신

좋은 차 한 잔을 나누며 평생 우정을 쌓아 보세요

Share a good pot of tea, nurture friendship for a life time.

— 작자 미상

좋은 차 한 잔이라는 위안이 되는 문구를 사용하는 사람은 언제나 인도 차를 의미한다.

Anyone who has used that comforting phrase 'a nice cup of tea' invariably means Indian tea.

— 조지 오웰George Orwell(1903~1950) 영국, 작가 겸 저널리스트

중국에서는 차를 마시는 첫 번째 조건은 차를 만들고 우리는 작법이 아니라 찻물을 고르는 일이다.

中國ではお茶を飲む第1の條件は, 作法でなく, 水をえらぶことだ.

— 진순신陳舜臣(1924~2015) 일본, 작가

중국인들은 당나라 때에 나온 다도라는 말을 근래에는 다예茶藝라고 부르기도 하고 음다예술飲茶藝術 또는 품명적예술品茗的藝術이라고도 한다. 그 까닭은 도道와 예藝에는 모두 기예技藝라는 뜻이 있기 때문이다.

— 김명배金明培(1929~2015) 한국, 차문화연구가

중국인들은 차를 하루 못 마시느니, 차라리 밥을 3일 굶는 편이 낫다고 한다.

The Chinese say it's better to be deprived of food for three days than tea for one.

— 할레드 호세이니Khaled Hosseini(1965~) 아프가니스탄, 작가 겸 의사

중국의 모든 차
깊고 푸른 바다의 모든 눈물
저 너머 하늘의 모든 사랑
너를 여기 나와 함께 두지 않을 것 같아

And all the tea in China

And all the tears from the deep blue sea

And all the love from the heavens above

Won't keep you here with me.

— 수잔 잭스Susan Jacks(1948~2022) 캐나다, 가수

증기가 솟구치고, 찻주전자가 향기롭다. 나는 욕망이 줄어드는 상태에 들어간다. 고요함 속에서 더 큰 즐거움, 거칠거나 피상적인 것은 없다. 이것은 차를 마시는 것이다.

— 작자 미상

지팡이 끄는 발걸음 소리 향리 떠나지 않고, 상 위에 는 언제나 약봉지와 『다경』이라네

鳴筇響屧不離鄕　藥裏茶經共一牀

— 이익李瀷(1681~1763) 조선, 문인

질서가 잘 잡힌 가정에서는 매일 아침 한 시간씩 시간 을 정해 놓고 버터 바른 빵과 차를 음미한다.

All well-regulated families set apart an hour every morning for tea and bread and butter.

— 조셉 애디슨Joseph Addison(1672~1719) 영국, 문인 겸 정치인

직장에서든, 카페에서든, 집에서든, 차를 마시는 곳이면 어디에서나 차를 감상할 수 있는 충분한 시간을 갖는 것이 좋습니다.

Wherever you are drinking your tea, whether at work, in a cafe, or at home, it is wonderful to allow enough time to appreciate it.

— 틱낫한釋─行(1926~2022) 베트남, 승려 겸 명상가

진짜 남자는 차를 마신다.

Real men drink tea.

— 스팅Sting(1951~) 영국, 싱어송라이터 겸 배우, 사회운동가

차가 없는 나라에 살아야 한다면 정말이지 끔찍하지 않을까?

Wouldn't it be dreadful to live in a country where they didn't have tea.?

— 노엘 코워드Noel Coward(1899~1973) 영국, 극작가

차가운 차와 밥은 견딜 수 있으나, 차가운 외모와 냉정한 말은 그렇지 않다.

Cold tea and cold rice are tolerable; cold looks and cold words aren't.

— 일본 속담

차가 있는 곳에 희망이 있다.

Where there's tea, there's hope.

— 아서 윙 피네로Arthur Wing Pinero(1855~1934) 영국, 극작가 겸 배우

차가 있는 안락한 방에 혼자 남겨졌을 때 차를 마시지 않는 사람을 절대 믿지 마세요.

Never trust a man who, when left alone in a room with a tea cosy, doesn't try it on.

— 빌리 코널리Billy Connolly(1942~) 영국, 배우

차가 좋고 나쁨은 찌기와 익은 움 누르기의 득실에 관계한다. 설익게 찌면 움 빛깔은 매끄럽게 과열하면 움이 문드러져 차 빛은 붉고 엉켜 굳지를 않는다. 증압(蒸壓)이 길면 신기가 다하여 맛이 엷고 못 미치면 빛이 어둡고 맛이 떫다. 찌는 움이 익음에 마치면 향이 난다. 증압은 진이 다하도록 자주 한다. 이처럼 하면 제조의 공력은 십 중 칠팔은 이미 얻은 것이다.

茶之美惡

尤係于蒸芽壓黃之得失 蒸太生則芽滑 故色淸而味烈 過熟則芽爛 故茶色赤而不膠 壓久則氣竭味漓 不及則色暗味澁 蒸芽欲及熟而香 壓黃欲膏盡呱止 如此 則製造之功 十已得七八矣

— 조길趙佶(1082~1135) 송나라 휘종

차가 좋으면 손님은 절로 찾아온다.

茶好客自来

— 중국 속담

차가 한 모금밖에 남지 않았다고 생각했을 때 빈 찻잔을 보는 애절함.

The heartbreak of finding an empty teacup when you thought there was one gulp to go.

— 롭 템플Temple, R., 『Very British Problems』 시리즈(2013)

차 감정인은 시인과 같아서 만들어지는 것이 아니라고 말해 왔다.

It has been said that a tea taster, like a poat, is born, not made.

— 윌리엄 H. 우커스William H. Ukers(1873~1945)
미국, 작가 겸 저널리스트

차나무는 남쪽 지방에서 자라는 상스러운 나무이다.

茶者南方之嘉木也.

— 육우陸羽(733~804) 당나라, 문인

육우의 『다경』 제일장第一章 앞머리에 나오는 말이다. 차나무는 중국 남방에서 자란다고 하였다. 남방은 지금의 중국 화남지방을 말하며 가목은 가수嘉樹라고도 하는데 아름답고 진귀한 나무라는 말이다. 오각농吳覺農의 『다경술평茶經述評』에 의하면 가목은 이상의 뜻에 더하여 차에 대한 존숭尊崇의 뜻이 담겨 있다고 하였다.

차나무는 옮겨 심지 않은 본성이 있어 심으려면 반드시 종자로 심는다. 옛사람들은 혼처를 정하면 반드시 차로 예를 표했다. 이는 시집간 딸이 재가하지 않는다는 의미이다. 그래서 요즘 사람들은 혼례를 하차下茶라고 한다.

茶不移本 植必子生 古人結婚 必以茶爲禮 取其不移置子之意也 今人猶名其禮曰下茶

— 허차서許次紵(1549~1604) 명나라, 문인

차는 가능한 한 온화하고 조용하게 마시고 싶다. 소중하게 간직해 온 아름다운 다기를 준비하여 친한 사람과 대화를 나누면서 마시는 차는, 차를 좋아하는 사람에 있어서는 인생 최고의 즐거움 임이 틀림없다. 논쟁하면서 마시려면 술이나 커피가 좋다.

茶はできることなら和やかに 静かに飮みたい. とってをきの 美しい器を準備して 親しい人と語らいながら飮むお茶は お茶 好きにとっては 人生最高の樂しみにちがいない. 論爭しながら 飮むなら お酒やコ-ヒガいい.

— 다키구치 아키코瀧口明子, 일본, 작가

차는 강해야 한다. … 나는 강한 한 잔의 차가 약한 20 잔보다 낫다고 생각한다. 진정한 차 애호가라면 누구나 자신의 강한 차를 좋아할 뿐만 아니라, 해가 지날수록 더 강한 차를 좋아한다.

Tea should be strong. … I maintain that one strong cup of tea is better than 20 weak ones. All true tea-lovers not only like their tea strong, but like it a little stronger with each year that passes…

— 조지 오웰George Orwell(1903~1950) 영국, 작가 겸 저널리스트

『동물 농장Animal Farm』과 『1984년Nineteen eighty-four』 작가인 조지 오웰은 인도가 영국 식민지였던 시대, 인도 비하르주에서 태어났으나 다음 해에 가족과 함께 영국으로 귀국하여 성장하였다. 조지 오웰은 필명이며 본래 이름은 에릭 아서 블레어Eric Arthur Blair이다.

문학 평론가이기도 한 그는 많은 시와 소설, 평론 등을 남겼으며 차 애호가로 차문화 발전에도 크게 이바지한 사람이다. 특히 1946년 1월 12일 영국의 유력 일간지 『이브닝 스탠더드』에 기고한 에세이 「좋은 차 한 잔A nice cup of tea」를 마시기 위한 11개 항목에 달하는 주장은 영국은 물론 전 유럽인의 차 생활에 많은 영향을 미쳤는데 위의 글은 그중의 한 부분이다.

차는 거친 감성이 있는 사람들이나 주류 애호가들에게 조롱을 당하기는 하지만, 세련된 자극제라는 점은 의심의 여지가 없으며, 지식인이 항상 좋아하는 음료가 될 것이다.

For tea, though ridiculed by those who are naturally coarse in their nervous sensibilities, or are become so from wine-drinking, and are not susceptible of influence from so refined a stimulant, will always be the favourite beverage of the intellectual.

— 토마스 드 퀸시Thomas De Quincey(1785~1859) 영국, 작가 겸 평론가

차는 그를 이해하는 누군가를 기다리고 있다.

Tea is waiting for someone that understands him.

— 작자 미상

차는 그 성품이 정청하고 그 맛이 호결하며 그 기능은 번뇌를 씻어주고 그 공효는 화를 이루게 해준다. 백 가지 품질을 참치하여 혼란이 없고 뭇 마실거리를 넘어 홀로 우뚝하다. 솥에 물 끓여 삶으면 호랑이같이 조화를 이루며 사람마다 마셔도 길이 싫어할 줄을 모른다. 그것을 얻으면 편안하고 얻지 못하면 병이 난다.

其性精淸　其味浩潔　其用滌煩　其功致和　參百品而不混　越衆
飮而獨高　烹之鼎水　和以虎形　人人服之　永永不厭　得之則安
不得則病

— 배문裵汶, 당나라, 문신

차는 끓는데 산동은 졸고, 하늘거리는 연기 모여 스스로 푸르다.

茶熟山童睡　裊煙搚自靑

— 정약용丁若鏞(1762~1836) 조선, 문신 겸 실학자

차는 느리다.

Tea is slow.

— 루 앤 판눈치오Lu Ann Pannunzio, 캐나다, 작가

차는 러시아식으로 마시지 않는 한 설탕 없이 마셔야 한다. 나는 내가 여기에서 소수파라는 것을 아주 잘 알고 있다. 그런데도 설탕을 넣어 차의 맛을 망친다면 어떻게 진정한 차 애호가라고 할 수 있을까? 후추나 소금을 넣는 것도 마찬가지일 것이다. 맥주가 쓴 것처럼, 차는 쓴 것을 의미한다. 당신이 그것을 달게 한다면, 당신은 더는 차를 맛보는 것이 아니라 단지 설탕을 맛보는 것이다. 뜨거운 물에 설탕을 녹이면 아주 비슷한 음료를 만들 수 있다.

Tea—unless one is drinking it in the Russian style—should be drunk without sugar. I know very well that I am in a minority here. But still, how can you call yourself a true tea-lover if you destroy the flavour of your tea by putting sugar in it? It would be equally reasonable to put in pepper or salt. Tea is meant to be bitter, just as beer is meant to be bitter. If you sweeten it, you are no longer tasting the tea, you are merely tasting the sugar; you could make a very similar drink by dissolving sugar in plain hot water.

— 조지 오웰George Orwell(1903~1950) 영국, 작가 겸 저널리스트

차는 모든 계절에 어울리는 식사다. 그리고 차는 어떤 경우에나 어울린다.

— 안젤라 하인즈, 영국, 작가

차는 물의 정신이고 물은 차의 본체이다. 참된 물이
아니면 정신이 드러나지 않고 잘 가려진 정차가 아니면
그 본체를 엿볼 수 없다.

茶者水之神 水者茶之體 非眞水莫顯其神 非精茶曷窺其體

— 장원張源(1568~1660) 명나라, 학자

장원의『다록茶錄』"품천品泉"에 있는 글이다. 물은 차의 본체
根幹이라 물이 좋지 않으면 차가 제맛을 내지 못하고 차 또한 좋
지 않으면 제아무리 물이 좋아도 신묘한 제맛을 내지 못한다는
것이다. 밀접한 상호관계를 표현하였다.

차는 맛을 으뜸으로 삼으니, 향기롭고 달고 무겁고 매
끄러우면 맛은 온전한 것이다.

夫茶以味爲上 香甘重滑 爲味之全

— 조길趙佶(1082~1135) 송나라 휘종

차는 물론 형식 없이 제공될 수 있다. 뜨거운 물을 형식에 구애받지 않고 보통 차 위에 부을 수 있다. 그러나 다회(차노유)의 예술을 실천하는 사람들은 신중하게 선택되고 올바르게 배열된 다구를 정해진 방식으로 따른다. 차를 마시는 사람에게 또 다른 즐거움을 주는 것은 디테일한 정교함에 있다.

Tea may, of course, be served without any formality. Hot water may be poured over ordinary tea without thought as to the manner in which it is done. But those who practice the art of Cha-no-yu follow a regulated mode of serving with utensils carefully selected and correctly arranged. It is the elaboration of details which gives additional pleasure to the tea-drinker.

― 후쿠키타 야스노스게福北泰之助, 일본, 차인

차는 분명 커피와 마찬가지로 사회적으로 인기 있는 음료이며 더 가정적인데, 이 때문에 차 마시는 시간은 가족과 함께 보내는 시간과 같다고들 한다.

― 아서 그레이Arthur gray(1852~1940) 영국, 작가

(차는) 분위기에 따라 기묘한 영향을 한다. 사물을 보는 눈을 바꾼다. 그도 좋은 방향으로 바꾸는 이상한 힘이 있다.

Has a strange influence over mood, a strange power of changing the look of things.

— 『란셋 저널The Lancet journal』(1863), 영국

차는 사치스럽지 않습니다.

Tea does not lend itself to extravagance.

— 작자 미상

차는 술의 천적이다.

— 작자 미상

차는 시간을 가게 하지만, 우리의 빈 찻잔을 발견하면 다시 정신없이 속도를 높인다.

Tea brings Time to a crawl, its frantic pace resuming on noticing our empty cups.

— 테리 길레메츠Terri Guillemets(1973~) 미국, 작가

차는 신성한 허브입니다. 그 재배에서 얻을 수 있는 충분한 이익이 있습니다. 그것은 그것을 마시는 사람의 영혼을 정화합니다. 귀족과 대중 모두에게 존경을 받습니다. 참으로 차는 인간의 일상생활에 필수품이며 국가의 자산입니다.

Tea is a divine herb. There are ample profits to be had in its cultivation. It purifies the spirit of the one drinking it; and it is esteemed by the nobles and public alike. Truly tea is a necessity in the daily life of man, and an asset to the commonwealth.

— 서광계徐光啓(1562~1633) 명나라, 정치가 겸 학자

차는 실내든 실외든, 분위기가 고요하고 조화로운 환경이나 쾌적한 환경에서 즐길 때 가장 좋다.

Tea is best when enjoyed in pleasant surroundings, whether indoors or out, where the atmosphere is tranquil, the setting harmonious.

— 존 블로펠드John Eaton Calthorpe Blofeld(1913~1987) 영국, 작가

차는 와인과도 같다. 차는 재배하는 토양에서 경관, 날씨, 해충에 이르기까지 모든 것이 차의 화학성분, 맛과 품질에 영향을 줄 수 있다.

Tea is like wine. Everything from the soil it's grown in to the landscape, the weather and pests can change the chemistry, taste and quality of the end product.

— 제인 홀Jane Hall(1971~) 오스트레일리아, 배우

차는 예술이기 때문에 보다 높은 품격을 갖춘 맛을 내게 하는 데는 명인의 손이 필요하다. 그림도 좋은 그림이 있는가 하면 그렇지 않은 그림이 있듯이 차 역시나 좋은 차, 나쁜 차가 있다. 완벽한 차를 우리는 단 하나의 방법은 없다.

Tea is a work of art and needs a master hand to bring out its noblest qualities. We have good and bad teas, as we have good and bad paintings generally the latter. there is no single recipe for making the perfect tea.

— 오카쿠라 가쿠조岡倉覺三(1863~1913) 일본, 작가 겸 평론가

차는 우리에게 남은 유일하고 단순한 즐거움이다.

Tea is the only simple pleasure left on us.

— 오스카 와일드Oscar Wilde(1854~1900) 아일랜드, 작가

차는 우유의 종이 되는 것을 참지 못한다.

茗不堪輿酪爲奴

— 왕숙王肅(195~256) 위나라, 문신

락酪은 소나 염소젖을 잘 정제한 유제 영양식품이다. 당나라 시대 서역과의 교역이 많아지면서 유가공 기술이 발달한 서역의 유가공품 도입이 많아졌다. 불교 경전經典인 열반경涅槃經에 의하면 오미五味 가운데 제일이라 하였는데 그런 락도 감히 차의 풍미에 미치지 못할 것이라는 이야기이다.

차는 조금 적게 따르고, 술은 가득 따라야 한다.

茶要浅 酒要满.

— 작자 미상

차는 천천히, 경건하게, 마치 지구의 축인 것처럼, 미래를 향해 서두르지 않고 천천히, 고르게 마시세요.

Drink your tea slowly and reverently, as if it is the axis on which the world earth revolves - slowly, evenly, without rushing toward the future.

— 틱낫한釋一行(1926~2022) 베트남, 승려 겸 명상가

차 달이니 그 맛 아주 좋고, 세속의 먼지도 씻어주니 기쁘구나

烹茶味更絶 喜得洗塵煩

— 임상원任相元(1638~1697) 조선, 문신

차로써 저녁때를 즐기며, 차로써 심야에 위안을 얻으며, 차로써 아침을 맞이한다.

Who with tea amuses the evening, with tea solaces the midnight, and with tea welcome the morning.

— 사무엘 존슨Samuel Johnson(1709~1784) 영국, 작가 겸 평론가

차를 가장 효과적으로 달게 하는 것이 덩어리 설탕인지, 가루 설탕인지에 대한 엄청난 논쟁이 배스(영국 온천도시)에서 벌어졌다.

A dreadful controversy has broken out in Bath, whether tea is most effectually sweetened by lump or pounded sugar.

— 시드니 스미스Sydney Smith(1771~1845) 영국, 작가 겸 성직자

차를 달이니 지나는 스님 머물고, 술을 사 오니 시우가 온다네

煮茶留野衲 貰酒引詩朋

— 유방선柳方善(1388~1443) 조선, 문인

차를 마시고 친구를 사귀세요.

Drink tea and make friends.

— 중국 속담

차를 마시는 완벽한 온도는 일반적인 적정 온도보다 2도 정도 높다.

The perfect temperature for tea is two degrees hotter than just right.

— 테리 길레메츠Terri Guillemets(1973~) 미국, 작가

차를 하루 못 마시는 것보다 사흘 굶는 것이 더 낫다.

宁可三日無糧, 不可一日茶

Better to be deprived of food for three days than of tea for one.

— 톰 스탠디지Tom Standage(1969~) 영국, 작가 겸 저널리스트
— 중국 속담

차를 혀로 맛본 후 목으로 내리니, 살과 뼈가 똑발라
비뚤어짐이 없네

舌嘗喉下之 肌骨正不頗

— 이색李穡(1328~1396) 고려, 문신

차 마시고 거문고 퉁기니 그 소리 맑아, 밝은 달 떠 오
르는데 누구를 부를까

啜罷淸琴還自撫 看來好月竟誰呼

— 영수합 서씨令壽閤 徐氏(1753~1823) 조선, 시인

차 마시기 좋은 때飮時
○마음과 몸이 한가할 때心手閒適
○시를 읊으다가 고달플 때披詠疲倦
○마음이 혼란스러울 때意緒紛亂
○노래를 경청할 때聽歌拍曲
○노래가 끝났을 때歌罷曲終
○문 잠그고 일을 돌보지 않고 있을 때杜門避事
○거문고 타며 그림 볼 때鼓琴看畵
○깊은 밤 이야기 나누면서深夜共語
○밝은 창가 깨끗한 책상머리에 앉았을 때明窓淨机
○깊숙한 방이나 전망이 좋은 누각洞房阿閣
○손님과 주인이 허물없을 때賓主款狎

○반가운 손님이나 소첩佳客小姬

○벗을 만나고 돌아와서訪友初歸

○비 갠 화창한 날씨에 산들바람 불 때風日晴和

○가볍게 가랑비 내릴 때輕陰薇雨

○작은 다릿가에 유람선 안에서小橋畫舫

○우거진 숲과 키 큰 대밭에 있을 때茂林修竹

○꽃을 손질하고 새를 길들일 때課花責鳥

○연지 정자에서 피서할 때荷亭避暑

○작은 마당에서 향을 피워 놓고 있을 때小院焚香

○술자리가 끝나고 손님들이 가고 난 뒤酒闌人散

○아이들 공부방에 있을 때兒輩齋館

○조용한 산사나 도관에서淸幽寺觀

○명천 괴석가에서名泉怪石

— 허차서許次紓(1549~1604) 명나라, 문인

차 마시는 버릇으로 세상 일을 잊는다.

— 정몽주鄭夢周(1337~1392) 고려, 문신

차 마시는 시간을 특별하게 만드는 것은 차가 아니다. 티파티에 깃든 정신이다.

It's not the tea that makes it special. It's the spirit of the tea party.

— 에밀리 반스Emilie Barnes(1938~2016) 미국, 작가

차 마실 손님이 오기만 하면 어서 와요. 어서 와

還有宜茶客　麽出來出來

— 백운경한白雲景閑(1299~1374) 고려, 승려

차 맛에는 말로 다 할 수 없는 매력이 있어, 거기에 매료된 나머지 이상화하게 된다.

There is a subtle charm in the taste of tea which makes it irresistible and capable of idealization.

— 오카쿠라 가쿠조岡倉覺三(1863~1913) 일본, 작가 겸 평론가

오카쿠라 가쿠조는 일본 메이지 시대의 문명 비평가이다. 9세에 어머니가 산고로 사망하자 절에 맡겨져 한학을 공부하였고 요코하마에 거주 중에는 선교사 제임스 발라James Hamilton ballagh가 운영하던 영어기숙사에서 영어를 습득하고 미술 연구에 몰두, 도쿄미술학교 초대 교장으로 취임, 같은 해 서양인에게 동양 정신문화의 진수를 알릴 목적으로 동양의 고미술을 연구하

고 『동양의 이상』을 발간하였고 1906년에는 영문판 『차의 책The Book of Tea』을 미국 뉴욕에서 출판하였다.

『차의 책』은 오카쿠라의 대표적인 저서로 동양 정신 문명의 진수와 차문화와의 밀접한 사상적 상관관계가 낳은 특유의 철학을 말하고 있다. 이 책은 출판되자 바로 세계 각국어로 번역 보급되어 좁게는 일본 차문화를, 넓게는 아시아 차문화의 세계화에 크게 이바지하였다.

그는 저서 등에 오카쿠라 덴신岡倉天心이라는 이명異名을 사용하기도 한다.

차문화의 기본은 예와 경애사상으로, 규방 다례 등은 "예절에서 시작하여 예절로 끝난다."

— 이귀례李貴禮(1929~2015) 한국, 차 연구가

차 없는 하루는 무언가가 없는 무언가와 같다.

A day without tea is like something without something.

— 작자 미상

차 연기 속 은자는 시를 논하다 가고, 향연香煙 속 고승
은 계송 외우며 오네.

茶煙野老談詩去 香篆高僧說偈回

— 신위申緯(1769~1847) 조선, 문신

차에 목마른 지친 사람들이여 오라.
주전자가 끓고 부글거리며 음악 소리를 내고 있다.

come oh come ye tea-thirsty restless ones---

the kettle boils, bubbles and sings, musically.

— 라빈드라나트 타고르Rabindranath Tagore(1861~1941)
인도, 작가 겸 시인

라빈드라나트 타고르

차와 차가운 밥으로는 살 수 있지만 차가운 말로는 살 수 없습니다.

You can live with tea and cold rice but not with cold words.

— 중국 속담

차와 포도주를 가지고 있다면 많은 친구를 얻을 것이다.

— 중국 속담

차와 함께라면 혼자 있어도 항상 동행이 있는 것이다.

With tea, one is always in company, even when taken alone.

— 테리 길레메츠Terri Guillemets(1973~) 미국, 작가

차, 어떤 것도 대신할 수 없는 부드럽고 향긋함
차, 강하며 풍미 있고 지속되는 감미로움
전 국민의 차, 풍부한 영양분
최고의 차, 활기를 주는 최상의 선택

A tea mild and mellow that none can mend

A tea strong and savoury, lasting and luscious

A national tea, tea quite nutritious

A capital tea, choice too, and cheerful.

— 19세기 영국 John Lewis 백화점 선전 문구중에서

차 음악은 나를 달래 주는 멜로디이다.

　　　　　─ 모건 크리스티안슨Morgan Christiansen(2002~) 미국, 틱톡 스타

차의 규범과 기준은 같지 않으니, 사람의 머리나 얼굴
이 다른 것과 같다.

茶之範度不同 如人之有首面也

　　　　　　　　　　　　─ 조길趙佶(1082~1135) 송나라 휘종

차의 멋과 맛도 분별하지 못하면서 벌떡벌떡 마시는
것은 저속한 짓이다.

有其人而未識其趣 一吸而盡 不暇辨味 俗莫甚焉

　　　　　　　　　　　　─ 도륭屠隆(1543~1605) 명나라, 문신

차의 미와 맛은 색色, 성聲, 향香, 미味, 촉觸, 법法=意 등
육감六感의 즉흥적 감상을 생활화하는 데 있다.

　　　　　　　　　　　　─ 최규용崔圭用(1903~2002) 한국, 차인

차의 엘레지

오 차! 신성한 나뭇가지에서 떨어진 잎들이여!
오, 줄기여, 위대한 신들이 낳은 선물이여!
어느 행복한 지역에서 그대가 생겨났을까? 하늘 어느

곳에서
그대의 전해준 건강으로 지구가 풍요로워지네,
더욱더 많이.
태양신 포이보스가 동쪽 정원에 심은 이 줄기,
마음씨 고운 새벽의 신 오로라가 자신의 이슬을 뿌렸고,
어머니 이름으로 부르라고 명령했네,
신들의 선물로 부르거나

그대는 테아_{Thea}라고 불렀네,
마치 신들이 자라나는 이 식물에 선물을 주는 것처럼.
코머스는 기쁨을 주었고, 마르스는 용기를 주었네.
요정 코르니드는 한 잔으로 건강을 주고.
젊음의 신 헤베는 주름과 노년을 늦추어 주고.
메르쿠리우스는 자신의 활동적인 기운으로 광채를
주고.
뮤즈들은 활기찬 노래를 선사하네.

Tea Elegy

O Tea! leaves torn from the sacred bough!

O stalk, gift born of the great gods!

What joyful region bore thee? In what part of the sky

Is the fostering earth swollen with your health bringing
increase.

Father Phoebus planted this stem in his eastern gardens.

Aurora, kind hearted, sprinkled it with her own dew,

And commended it to becalled by her mother's name,

Or called in accordance with the gift of the gods.

Thea was she called,

As if the gods bore gifts to the growing plant. Comus brought

joyfulness, Mars gave high spirits,

And thou, Coronide, dost make the draught healthful.

Hebe, thou bearesta delay to wrinkles and old age

Mercurius has bestowed the brilliance of his active mind. .

The muses have contributed lively song.

　　　— 피에르 다니엘 위에Pierre Daniel Huet(1630~1721) 프랑스, 성직자

　　※ 포이보스phoebus : 태양의 신. 태양의 의인화

　　　오로라Aurora : 새벽의 신

　　　코머스Komus : 음주 향연을 주관하는 젊은 신

　　　마르스Mars : 전쟁의 신

　　　코로니드Coronide :　오리온의 딸. 요정

　　　헤베Hebe : 젊음의 신

　　　머큐리우스Mercurus : 재산의 신

　　　뮤즈Muse : 학문과 예술의 여신, 영감을 주는 존재

　　　　　　　　　　　— 그리스, 로마 신화에서

차의 인기가 높아지고 있다. 아이스티에서부터 향차까지, 소박한 홍차에서 달고 우유가 많은 차이(chai)까지, 꽃이 만발한 꽃차에서 힐링 허브티까지, 어떤 음료도 모든 문명의 중심에서 이 정도의 위상을 차지하지 못했다. 차가 물 다음으로 세계에서 가장 인기 있는 음료인 것은 당연하다.

Tea is hot and getting hotter. From iced to spiced, from austere black tea to sweetened and milky chai, from a flowery pick-me-up to a healing herbal, no other beverage has such a place in the heart of every civilization. No wonder it is the most popular beverage in the world, next to water.

— 사라 페리Sarah Perry(1979~) 미국, 작가

차의 향기는 맑다淸는 말로 가장 많이 표현했다. 고려의 이숭인李崇仁은 가루차의 향기가 난초의 진액을 타지 않았는데도 기이하다고 하여 난향蘭香에 비유했다. 다산의 친구인 윤외심尹畏心은 그와 가루차를 마시며 "사향노루 배꼽처럼 진한 향기가 난다"라는 시적 표현을 했다. 신위申緯가 부채에 "찻잎과 매화를 한꺼번에 우리니 누가 향기와 맛의 분별을 할 수 있으리오"라고 쓴 것도 볼 수 있으며 차의 향기를 천향天香(지극히 좋은 향기) 또는 청향淸香이라고도 했다.

— 이귀례李貴禮(1929~2015) 한국, 차 연구가

차! 차! 건강에 좋은 차!
홍차, 녹차, 혼합차, 좋은 차, 진한 무이차!---
안정을 주고 가슴을 따뜻하게 해주지
차와의 이별은 생각할 수도 없어---
죽음, 그것이 찾아올 때도 나는
훌륭하고 진한 차 한 잔을 음미하고 있겠지

The tea! the tea! -the wholesome tea!

The black, the green, the mix'd, the good, the strong Bohea!---

For it's good for the nerves, and warms my heart

And from it will never part---

And death, whenever he comes to me

Will find me-drinking a good strong cup of tea

— 작자 미상

차, 차, 차 이 한 잔 차의 맛에, 우주만상의 진리가 그 속에 있으니, 내보이기도 어렵고 말하기도 어렵다네.

茶茶這箇茶一味 宇宙萬像之眞理在茶 難可示 難可說

— 경봉鏡峰(1892~1982) 한국, 승려

차 파티는 영혼을 위한 온천이다. 근심과 일을 놓아버려야 한다. 바쁜 사람들은 자신의 업무를 잊어야 한다. 스트레스를 날려버리고 감각을 일깨워야 한다.

The tea party is a spa for the soul. You leave your cares and work behind. Busy people forget their business. Your stress melts away, your senses awaken.

— 알렉산드라 스토다드Alexandra Stoddard(1941~)
미국, 작가 겸 디자이너

차 한 사발 다 마시니 흡사 선계에 이른 듯하구나.

一甌茶夢罷　彷佛到瀛蓬

— 이정구李廷龜(1564~1635) 조선, 문신

차 한 잔은 상상의 여행을 의미한다.

Each cup of tea represents an imaginary voyage.

— 캐서린 던젤Catherine Donzel(1930~) 미국, 작가

찻잔에 피어오르는 방황彷徨을 본다.
실내에 자욱이 깔리는 음악
어둠이 켜지는 각상刻像의 눈 속으로

— 김명배金明培(1932~2016), 한국, 작가

찻주전자가 고독의 기쁨과 친교의 즐거움을 어떻게
동시에 재현할 수 있는지 너무 놀랍다.

— 작자 미상

처음에는 할 일 없어 차를 마셨는데
그 일이 마침내 나의 생리가 되어버렸네
참으로 우습구나 거지 같은 나의 행동은
곡식을 가지고 차 파는 데로 달려가네

始爲無事飮　遂作大生理
可笑行丐人　握栗走茶市

— 남유용南有容(1698~1773) 조선, 문신

촛불 아래 새로운 시구 생각하며, 차를 달여 어젯밤
취기를 푼다네
허무한 생애 온갖 회포가 서려, 나도 모르게 두 줄기
눈물이 흐르네

秉燭題新句 煎茶解夙醒　浮生多少感 不覺淚雙零

— 신정申晸(1628~1687) 조선, 문신

촛불 희미하니 달 맞기 좋고, 차 향기 맑으니 술 생각 없어지네

燭暗宜迎月　茶香可屛醪

— 양대박梁大樸(1544~1592) 조선, 의병장

최고의 차는 계곡에서 올라오는 안개처럼 퍼지며
미풍이 스치고 지나간 호수처럼 반짝이며
방금 비에 젖은 고운 흙처럼 촉촉하고 부드럽다.

— 육유陸遊(1125~1210) 송나라, 시인

최고의 차는 타타르 기병의 가죽 장화처럼 주름이 있어야 하고, 힘센 황소의 무릎처럼 동그랗게 말려야 하고, 계곡에서 솟아오르는 안개처럼 퍼지며, 미풍이 스치고 지나간 호수처럼 반짝이며, 방금 비에 젖은 고운 흙처럼 촉촉하고 부드럽다.

The best quality tea must have the creases like the leather boots of Tartar horsemen, curl like the dewlap of a mighty bullock, unfold like a mist rising out of a ravine, gleam like a lake touched by a zephyr, and be wet and soft like earth newly swept by rain.

— 육우陸羽(733~804) 당나라, 문인

친구가 한 잔 더 달라고 하는 것은 대화의 문을 열겠다는 뜻이다.

When friends ask for a second cup they are open to conversation.

— 게일 파렌트Gail Parent(1940~) 미국, 작가

침대에 앉아서 진한 차를 마시며 독서를 하는 것보다 좋은 것은 거의 없다.

There are few nicer things than sitting up in bed, drinking strong tea, and reading.

— 앨런 클라크Alan Clark(1928~1999) 영국, 정치인

커피는 괜찮습니다. 감사합니다. 저는 절대 커피를 마시지 않습니다. 괜찮으시다면 차 조금만 주세요.

No coffee, I thank you, for me - never take coffee. A little tea if you please.

— 제인 오스틴Jane Austen(1775~1817) 영국, 작가

탕은 차의 좋고 나쁨을 결정하는 사령이다. 혹시라도 명차인데도 탕을 함부로 하면 평범한 말차와 같이 되기 때문이다.

湯者, 茶之司令. 若名茶而濫湯, 則與凡末同調矣.

— 소이蘇廙, 당나라, 문인

티타임 — 인생의 화살로부터 피하고 잠시 쉬는 시간.

Tea time — a brief recess from dodging life's blowdarts.

— 테리 길레메츠Terri Guillemets(1973~) 미국, 작가

티타임은 속도를 늦추고, 뒤로 물러나 주변 환경에 감사할 수 있는 기회이다.

Tea time is a chance to slow down, pull back and appreciate our surroundings.

— 레티티아 볼드리지Letitia Baldrige(1926~2012)
미국, 작가 겸 에티켓 전문가

티파티는 이미 배부르게 식사한 사람들에게 제공되는 특별한 식사로, 식욕이나 갈증이 전제되지 않으며, 특별한 목적 없이 관심사를 돌리며, 조건 없는 섬세한 즐거움이 있다.

Another novelty is the tea-party, an extraordinary meal in that, being offered to persons that have already dined well, it supposes neither appetite nor thirst, and has no object but distraction, no basis but delicate enjoyment.

— 장 앙텔름 브리야 사바랭Jean Anthelme Brillat Savarin(1755~1826)
프랑스, 법관 겸 미식가

푸르스름한 찻잔에 옥 같은 차를 달여 마시고 누런 두루마리에 멋진 글을 쓴다네

淡碧新瓷烹玉茗　硬黃佳册寫銀鉤

— 김정희金正喜(1786~1856) 조선, 문신 겸 서예가

필상과 다조는 언제나 함께하고, 산비와 강바람은 모두가 시라네

筆床茶竈許相隨 山雨江風捻有詩

— 신정하申靖夏(1680~1715) 조선, 문인

하루라도 차를 마시지 않으면 소화가 되지 않고, 사흘 동안 차를 마시지 않으면 병이 난다.

一日無茶則滯, 三日無茶則病

— 중국 속담

하루를 시작하는 데 필요한 일곱 가지 필수품은 장작, 쌀, 기름, 소금, 간장, 식초, 차이다.

There are seven necessities to begin a day, firewood, rice, oil, salt, soy sauce, vinegar and tea.

— 맹원로孟元老(1090~1150) 북송, 문인

하루에 한 잔의 차는 안 마시는 것보다 낫고, 하루 두 잔의 차는 한 잔보다 낫다.

One tea a day is better than none, Two teas a day are better than one.

— 빅토리아 잭Victoria Zak, 미국, 작가

하커 부인이 우리에게 차 한 잔을 주셨다. 솔직히 말해서 내가 그 집에 산 이후 처음으로 이 오래된 집이 가정처럼 느껴졌다.

Mrs. Harker gave us a cup of tea, and I can honestly say that, for the first time since I have lived in it, this old house seemed like home.

— 브램 스토커Bram Stoker(1847~1912) 아일랜드, 작가

학의 울음에 솔잎 끝 맺힌 이슬 외롭고 차 연기는 산중턱까지 그늘 지우네

鶴淚孤松露 茶煙半嶺陰

— 황준량黃俊良(1517~1563) 조선, 문신

한웨이씨는 차의 소비가 우리나라의 이익에 해롭다는 것을 보여주려고 노력한다⋯. 그는 이 추출물을 지속적으로 뻔뻔하게 차를 마시는 사람으로서, 20년 동안 식사를 하면서 이 환상적인 식물의 추출물을 마셔온 이 사람에게는 정의를 기대하기가 힘들다. 그의 찻주전자는 식을 여유가 거의 없으며, 차로서 저녁 시간을 즐겁게 지냈으며, 차를 통해 한밤중을 달래고, 차로 아침을 맞이하는 사람이다.

⋯Mr. Hanway endeavours to show, that the consumption of

tea is injurious to the interest of our country…. he is to expect little justice from the author of this extract, a hardened and shameless tea drinker, who has for twenty years diluted his meals with only the infusion of this fascinating plant, whose kettle has scarcely time to cool, who with tea amuses the evening, with tea solaces the midnight, and with tea welcomes the morning.

— 사무엘 존슨Samuel Johnson(1709~1784) 영국, 작가 겸 평론가

한 잔의 차를 마시는 것은 찻잔 안에서 목욕하는 것과 같다.

A cup of tea is like having a bath on the inside.

— 작자 미상

한 잔의 차에서 김이 피어오르고
우리는 그 역사에 둘러싸이네
오래된 시간과 공간을 마시니
손에 잡히는 세월의 안락함이여

Steam rises from a cup of tea

and we are wrapped in history,

Inhaling ancient times and lands,

comfort of ages in our hands.

— 믿음의 녹색 사발에서Faith Greenbowl

항상 티타임이다.

It's always tea time.

— 매드 해터The Mad Hatter, 『이상한 나라의 앨리스』 캐릭터

향기로운 차는 술보다 좋고, 밝은 달은 화사한 등보다 낫다.

茶香勝薄酒　月皎當華燈

— 이안눌李安訥(1571~1637) 조선, 문신

향 피운 듯 차 향기 시정으로 이끄네
그윽한 아취 어느 곳이 좋을까
푸른 숲 그늘 아래 파란 개울 옆이지

韻似燒香半入詩　領略幽情何處好　蒼松陰裏碧溪涯

— 이상적李尙迪(1804~1865) 조선, 문신

**혹시라도 이것이 커피라면 차를 가져오너라. 혹시라
도 차라면 커피는 가져가거라.**

If this is coffee, please bring me some tea. But if this is tea,
please bring me some coffee.

— 에이브러햄 링컨Abrahem Lincoln(1809~1865) 미국 제16대 대통령

에이브러햄 링컨과 그의 가족들

흙벽돌 쌓은 조그만 차 부뚜막,
불쾌와 바람과 모양 갖추었네
차는 끓고 산동은 졸고 있는데,
연기 하늘하늘 파랗게 퍼지네

疊墼小茶竈　離火巽風形　裏茶熟山童睡　裏烟猶自靑

— 정약용丁若鏞(1762~1836) 조선, 문신 겸 실학자

부록

세계 유명 차 제조사의 슬로건

인스타그램에 표현된 차

부록 1 | 세계 유명 차 제조사의 슬로건

가장 신선한 차

The most refreshing tea

브룩본드 티|Brooke Bond Tea

가치를 기반으로 하는 가족 기업

A family company build on values

아마드 티|Ahmad Tea

고급차 공급업체

Purveyors of fine tea.

틸로스Tylos

고향에 계신 어르신들

Old Folks at Home

마자와티 티|Mazawattee Tea

교토의 가장 전통적인 차 전문가

One of the most traditional tea expertise in Kyoto

기온츠지리祇園辻利

긍정을 마신다.

Drink positive.

립톤 티Lipton Tea

긴장을 푸는 시간을 가져 보세요.

Take a moment to unwind

위타드Whittad

내 몸에 즐거운 한 잔

오설록

다원에서 바로 다관으로

Direct from the Tea Gardens to the Tea Pot.

립톤 티Lipton Tea

당신의 감각을 응원합니다.

Cheers your senses.

브룩본드 티Brooke Bond Tea

당신을 미소 짓게 하는 차

Tea that makes you smile

하니 앤 선스Harney & Sons

당신이 달인 것처럼

As brewed by you.

위타드Whittad

당신의 오후를 황홀하게 만드는 차.

A tea to bewitch your afternoons.

임페리얼 블렌드 티Imperial Blend Tea

딴 곳에서 구할 수 없는 고품질의 차

Exclusive quality tea

아마드 티Ahmad Tea

대화를 차에 담으세요.

Puts the talk into tea.

라이온스 티|Lyons Tea

덴마크 여왕 폐하의 납품업자

Purveyor to her majesty the queen of Denmark.

로얄 코펜하겐|Royal Copenhagen

더 좋은 음료를 마시고 더 나은 삶을 살자.

Drink better - live better.

립톤 티|Lipton Tea

더 맛있는 차를 만나 보세요

Discover Superior Tasting Tea

버치올 티|Birchall Tea

두 사람을 위한 차

Tea for two

포숑|Fauchon

뛰어난 품질

Outstanding Quality

해로즈Harrods

말차 공화국

Matcha Republic

운조사료雪上茶寮

말차로 보다 건강하게, 보다 아름답게

抹茶で より健康に より美しく

말차 도쿄The Matcha Tokyo

말차 사랑

Matcha Love

이토엔伊藤園

매일 황금빛 순간이 있어야 합니다.

Every day should have its golden moments.

베리스 티Barry's Tea

일상을 즐기다

Enjoy everyday

트와이닝스Twinings

몸, 마음, 영혼 그리고 지구

Body, Mind, Soul and the Plant.

레누트Renute

민튼티는 영국의 풍부한 전통과 문화를 진정으로 반영합니다.

Minton tea truly reflects England's rich tradition and culture.

민튼티|Minton Tea

별이 쏟아지는 시골에서 자란 차

星降り注ぐ村で育むお茶

호시노 제다원星野製茶園

비글로우 티의 차이점은 디테일에 있습니다.

The Bigelow difference is in the detail.

비글로우 티|Bigelow Tea

세계 3대 고향차의 으뜸

世界3大高香茶之首

기문홍차祁門 紅茶

상쾌한 기분으로 일어나십시오.

Wake up to a fresh feeling.

굿릭 티Goodricke Tea

상큼한 차 한 잔 드립니다

Give you a refreshing cup of tea

포트넘 앤 메이슨Fortum & mason

삶의 방식을 보완하는 제품

Products that complement your lifestyle.

임프라Impra

섬세하고 풍미 가득한 맛을 온종일 충분히 음미할 수 있습니다.

Delicate and flavorful taste appreciated all time of the day.

시눅Sinouk

세계에서 가장 아름다운 본차이나.

The most beautiful bone china the world.

민튼티|Minton Tea

세계에서 가장 유명한 차 중의 하나인 마법을 경험하세요.

Experience the magic of one of the worlds most celebrated teas.

트와이닝스Twinings

세계 최고의 실론 티 수출업체

World's leading exporter of Ceylon tea.

아크바|Akbar

세계 최고의 차로 가는 문

The door to worlds best teas.

다피나 티|Dafina Tea

세계 최고의 가치

Best Value in the World

프라이어리 티|Priory Tea

손님의 부름으로 태어났습니다

お客様の聲から誕生しました

닛토홍차日東紅茶

실론의 맛

Taste of Ceylon

티크루티|Teakruthi

실론에서 사랑을 담아

From Ceylon with love

티크루티|Teakruthi

언제나 따뜻한 당신 곁에 있습니다

한국제다韓國製茶

엄선된 찻잎과 탁월한 브랜드 기술에서 태어난 방순한 향기의 예술

베노아 티|Benoist Tea

여러 세대에 걸쳐 즐겼습니다.

Enjoyed for generations.

레드로즈 티|Red Rose Tea

영국 왕실의 선택된 왕실 명장 소지자

Selected royal warrant holders of the British Royal family

웨지우드Wedgwood

유쾌하고 독특한 맛과 풍미.

A pleasantry unique taste and flavour.

아마드 티|Ahmad Tea

이국적인 차

Exotic tea

벤틀리|Bentley's

인생 100년 시대를 여유롭게 산다.

人生100年時代を豊かに生きる

이토엔伊藤園

일본차를 즐기는 색다른 방법

Different ways to enjoy Japanese tea

잇보토一保堂

Whittard of Chelsea와 함께 사교활동에 참여하세요.

Get in social with Whittard of chelsea.

위타드Whittard

자연을 좋아합니다.

自然が好きです

이토엔伊藤園

자연, 순수, 신선

Nature, Pure, Fresh

딜마Dilmah

저녁에는 허브 옆에서

Le soir par les Plantes

라 티사니레La Tisanière

정열 과일차

passion fruit tea

아마드 티|Ahmad Tea

지리산의 생기, 차의 온기로 담다

쌍계제다

진정한 홍차의 세계를, 더 가깝게, 더 풍성하게

本物の 紅茶の 世界を, もっと 身近に, もっと 豊かに

고베 티|神戶茶

집에서 마시지 않을 것은 아무것도 팔지 않는다.

I will not sell anything that I would not drink of home.

민튼 티|Minton Tea

질리지 않고 규칙적으로 마실 수 있는 좋은 표준차입니다.

A good standard tea you can drink n a regular base without getting tired of it.

윈스턴 경|Sir Winston

차는 놀라움을 선사합니다.

Tea Works wonders.

타이푸 티Typhoo Tea

차는 다시금 인간미를 느끼게 합니다.

It makes you feel human again.

브룩본드 티Brooke Bond Tea

차를 통해 삶을 풍요롭게

Enriching Lives Through Tea

차 공화국The Republic of Tea

차의 블렌딩은 예술이자 맛보는 즐거움.

Assembler le thé est un art, le déguster un plaisir.

컴퍼니 앤 코Compagnie & Co

차의 마음을 전합니다

お茶の心を伝える

아이코쿠세이차愛国製茶

차의 풍미, 느낌을 소중히 한다.

お茶の風味, 色合いを守る.

마루야마엔丸山園

차를 BOH 방식으로 만드는 순수 예술

The fine art of making tea the BOH way.

보BOH

차와 함께 시작하자.

It begins with tea.

타조 티Tazo Teas

찻주전자를 놓으십시오.

Put the kettle on.

PG 팁스 티PG Tips Tea

1790년 이래로 정통 고급 일본차의 전문가

Experts in Authentic Fine Japanese Tea since 1790

후쿠주엔福寿園

70년의 차 영감

70 years of tea inspiration

딜마Dilmah

테이블 웨어의 귀부인

Lady of tabeware

민튼티Minton Tea

텐틀리 한 잔으로 먼 길을 간다.

A cup of Tentley goes a long way.

텐틀리 티Tentley Tea

프랑스의 차

Thé Français

마리아주 페레MARIAGE FRÈRES

플레저 티와 함께

Avec Plaisir tea.

플레저 티Avec Plaisir Tea

한 잔 마실 때마다 자연보호

Conservation, one cup at a time.

엘리펀트Elephant

한 모금 마실 때마다 행복

Happiness with every sip.

임프라Impra

한국의 차맛, 최상의 품질

한국제다韓國製茶

합리적인 차이를 느껴보세요

It makes a proper difference

요크셔 티Yorkshire Tea

호평받은, 최고의, 지구상의 차

Acclaimed, The finest, Tea on earth

딜마Dilmah

홍차를 즐기는 사람을 위한 로얄 밀크티

紅茶好きのための Royal Milk Tea

닛토홍차日東紅茶

히말라야 산 근처에서 자라고 감식가가 선별한 향긋한 차

The connoisseur's choice fragrant tea grown near the Himalaya.

트와이닝스Twinings

가정이란 차를 끓이는 곳이다.

Home is where the tea brews.

게임을 하기 위해서는 모든 것을 멈추지만, 차는 예외이다.

Everything stops for gaming, but not tea.

긍정적인 차 생각을 하세요.

Have a cup of positivitea.

나는 밝은 아침의 진한 차를 좋아한다.

I like my tea dark and morning bright

나는 일종의 차 중독, 나는 찻잔으로 하루를 만든다

I am sort of tea addicted, I structure my day by cups of tea

나는 세상을 지옥에 가게 놔두라고 말하지만 나는 항상 차를 마셔야 한다.

I say let the world go to hell, but I should always have my tea.

내 몸의 80%의 물이 아니라, 80%의 차와 약간의 광기로 이루어졌다.

I am not 80% water, I am 80% tea and a little bit crazy.

내가 머그인생을 선택한 것이 아니라 머그인생이 나를 선택한 거야.

I didn't choose the mug life, the mug life chose me.

내버려 둬, 난 차를 마시고 있어.

Leave me be, I'm drinking my tea.

너와 나 그리고 차 한 잔.

You, me, and a cup of tea.

당신이 아무리 바쁜 사람일지라도, 차를 마실 시간은 항상 있습니다.

Even if you are the busiest man, There is always time for tea,

당신은 정확히 나의 차입니다.

You are precisely my cup of tea.

모든 차 한잔은 상상의 여행이다.

Each cup of tea represents an imaginary voyage.

모든 차 한잔에는 이야기가 있다.

Every cup of tea tells a story.

시작하려면 차를 넣으십시오.

Insert tea to begin.

어떤 차를 마실까 고민만 하는 날들에 감사하다.

I'm grateful for the days when all I need to worry about is what tea I am going to drink.

언제든지 티타임이다.

Anytime is teatime.

오늘의 예측 100% 확률의 차.

Today's forecast 100% chance of tea.

인생은 차 한 잔과 같다. 가득 채우고 친구들과 함께 즐기기 위한 것이다.

Life is like a cup of tea — to be filled to the brim and enjoyed with friends.

잔잔한 차 한잔과 함께 좋은 생각이 떠오른다

Great thoughts come up with a quiet cup of tea.

잠시 옆으로 - 이것은 차를 위한 일이야!

Step aside—this is a job for tea!

좋은 차는 즐거움, 좋은 친구는 보물

Great tea is a pleasure, great friends are a treasure

진정하고 주전자를 놓으십시오.

keep calm and put the kettle on.

차 한 잔은 평화의 잔

A cup of tea is a cup of peace

차는 속도를 늦추고 주변에 무엇이 있는지 알아차리는 데 도움이 된다.

Tea helps you slow down and notice what is around you.

차 한 잔이면 내 일상이 회복될 것이다.

A cup of tea would restore my normality.

차! 평범한 일상의 애프터눈 티를 축복하자!

Tea! Bless ordinary everyday afternoon tea!

차는 컵에 담긴 포옹이다.

Tea is a hug in a cup.

차 한 잔은 모든 것을 더 좋게 만든다.

A cup of tea makes everything better.

차가 있는 곳에 행복이 있다.

Where there's tea, there's happiness.

차는 항상 좋은 생각이다.

Tea is always a good idea.

차로 고칠 수 없다면 심각한 문제다.

If tea can't fix it, it's serious problem.

차. 모든 것에 대한 치료법.

Tea. The cure for everything.

차가 없는 가정은 단지 집일 뿐이다!

A home without tea is merely a house!

차는 답이 아니다. 차는 질문이고 '예'가 답이다.

Tea is not the answer. Tea is the question and 'yes' is the answer.

차 한 잔은 위대한 마음과 위대한 생각을 나누는 시간이다.

A cup of tea is an excuse to share great thoughts with great minds

차 한 잔은 모든 것을 더 좋게 만든다.

A cup of tea makes everything better.

차가 있는 곳에 행복이 있다.

Where there's tea, there's happiness.

차 없이 어떻게 편안해질 수 있을까?

How can I get cozy without tea.

차를 함께 마시는 사람이 있다면, 그는 당신의 평생 친구이다.

When you have found someone with whom you enjoy taking tea, then you will have found a friend for life.

최고의 다관으로 나를 때려라.

Hit me with your best pot.

커피는 나를 시작하게 하고 차는 나를 계속 움직이게 한다.

Coffee gets me started, tea keeps me going.

커피는 차가 아니다.

Coffee is not a cup of tea.

티타임: 영혼과 영혼을 위한 포옹.

Tea time: a hug for the soul and spirit.

파티를 시작하자.

Get this par-tea started.

하루의 차는 까다로움을 없애준다.

A tea a day keeps the grumpy away.

하루에 차 한 잔으로 걱정거리를 날려버리세요.

A cup of tea a day keep worries away.

행복⋯ 비스킷을 차에 담그고 있다.

Happiness⋯ is dipping a biscuit in tea.

행복은 따뜻한 차 한 잔으로 손을 따뜻하게 하는 것이다.

Happiness is warming your hands with a hot cup of tea.

행복을 살 수는 없지만 차를 살 수 있는 것과 마찬가지이다.

You can't buy happiness, but you can buy tea and that's kind of the same thing.

참고자료

감승희,『한국차생활총서』, 한국차생활교육원, 1994.

김승일,『맛의 전쟁사』, 역사공간, 2007.

김길자,『중국차시』, 현암사, 1999.

김대성,『초의 선사의 동다송』, 동아일보사, 2004.

김상현,『한국의 차시』, 민족사, 1997.

김운학,『한국의 차문화』, 이른아침, 2004.

김명배,『한국의 차시 감상』, 대광문화사, 1999.

김명배,『다도학 논고』, 대광문화사, 1996.

공상림,『쾌락! 중국차』, 쌍엽사, 2001.

도송백,『선과 시』, 민족사, 2000.

류건집,『한국차문화사』(상・하), 이른 아침, 2007.

마귈론 투생-사마,『먹거리의 역사』(상・하), 까치, 2002.

무산,『한국 역대 고승의 차시』, 명상, 2000.

박영희,『동다 정통고』, 이른아침, 2015.

법정,『일기일회』, 문학의 숲, 2009.

박정도,『중국차의 향기』, 박이정, 2001.

석명정,『차 이야기, 선 이야기』, 대원정사, 1994.

석성우,『차와 선』, 토방, 1989.

송재소・유홍준・정해렴,『한국의 차문화 천년』, 돌베개.

윤경혁,『차문화고전』, 홍익제, 1999.

윤병상,『다도고전』, 너적바위, 2004.

이귀례,『한국의 차문화』, 열화당, 2002.

이목,『다부』, 너적바위, 2011.

이성우,『한국식경대전』, 향문사, 1998.

임해봉,『한국의 불교 차시』, 민족사, 2005.

장의순,『초의선집』, 동문선, 1993.

짱유화,『다경강설』

정동주,『한국인과 차』, 다른세상, 2004.

정민,『새로쓰는 조선의 차문화』, 김영사, 2011.

정병만,『다시 보는 차문화』, 푸른길, 2012.

정병만,『차 인문학 이야기』, 학연문화사, 2019.

정영선,『한국 차문화』, 너럭바위, 1995.

정영선,『동다송』, 너럭바위, 2002.

정은희,『한국과 영국의 차문화 연구』, 학연문화사, 2015.

주영하,『음식전쟁, 문화전쟁』, 사계절, 2001.

천병식,『한국의 차시』, 아주대학교 출판부, 1996.

최계원,『우리 차의 재조명』, 삼양출판사, 1983.

최규용,『금당다화』, 이른아침, 2004.

최범술,『한국의 다도』, 보련각, 1975.

치우지핑,『다경도설』, 이른아침, 2005.

陳祖槼 朱自振,『中國茶葉歷史資料選集』, 弘益齊, 1995.

陳彬藩,『中國茶文化經典』, 光明日報出版社, 1999.

浙江撮影出版社,『中國古代茶葉全書』, 2001.

蔡榮章・林瑞萱,『現代茶思想集』, 玉川茶書, 1995.

角川書店,『角川茶道大辭典』, 2002.

桑田忠親,『茶道辭典』, 廣濟堂, 1999.

農産農村文化協會,『茶大百科』(1・2), 2008.

淡交社,『茶道事典』, 淡交社, 1975.

岩間眞知子,『茶の醫藥史』, 思文閣, 2009.

岩間眞知子,『喫茶の歴史』, 大修館書店, 2015.

東君,『茶から茶道へ』, 市井社, 1998.

布目潮風,『茶經詳解』, 淡交社, 2001.

井口海仙,『茶道名言集』, 里文出版, 2010.

岡倉覺三,『茶の本』, 岩波書店, 1997.

陳舜臣,『茶事遍路』, 集英社, 2001.

William H. Ukers, *All about Tea(1, 2)*, Tea and coffee trade journal
　　　company 1935.

William H. Ukers, *The romance of Tea*, Alfred, 1936.

Jane Pettigrew, *A social history of Tea*, The national trust, 2001.

J. M. Scott, *The Tea story*, William Heinemann Ltd 1964.

Benjamin Woods Labaree, *The Boston Tea party*, Oxford University Press,
　　　1964.

Tyler Whittle, *The plant hunter*, Raj Publication, 1988.

Helen Saberi, *Tea, A global history*, Reaction Books in the edible series,
　　　2010.

Victor H. Mair & Erling Hoh, *The true history of Tea*, Thomes & Hudson, 2010.

Victoria, Zak, *20,000 serects of tea*, A dell book, 1999.

Beatrice Hohengger, *Liquid Jade*, St. Martin's press, 2006.

https://m.blog.naver.com/gaeunshinblog

http://brunch.co.kr

https://sweet-word.tistory.com.

http://www.naver.com

http://yahoo.com.jp

인생을 배우는
차문화 명언집

2024년 2월 28일 초판 1쇄 발행

지은이   정병만 · 장문자

펴낸이   권혁재
편 집   권이지
디자인   이정아

인 쇄   성광인쇄
펴낸곳   학연문화사
등 록   1988년 2월 26일 제2-501호
주 소   서울시 금천구 가산디지털1로 16 가산2차 SKV1AP타워 1415호

전 화   02-6223-2301
전 송   02-6223-2303
E-mail   hak7891@chol.com

ISBN   978-89-5508-689-8 (03590)